AF894564

EDILIVRE

Jacques Bouillault

Les aventures de Simba

Edilivre – Éditions APARIS

Il est interdit de reproduire intégralement ou partiellement la présente publication sans autorisation du Centre Français d'exploitation du droit de Copie (CFC) – 20 rue des Grands-Augustins – 75006 PARIS – Tél. : 01 44 07 47 70 / Fax : 01 46 34 67 19.

DANGER

LE PHOTOCOPILLAGE
TUE LE LIVRE

© Edilivre, Éditions APARIS – 2008
ISBN : 978-2-35607-341-9
Dépôt légal : Décembre 2008

Tous droits de reproduction, d'adaptation et de traduction, intégrale ou partielle réservés pour tous pays.

Préface
de Pierre Pfeffer

Jacques Bouillault, c'est une passion. Celle de la nature et surtout des animaux. Cette passion a totalement dominé sa vie, souvent à l'encontre de ce que notre triste société matérialiste aurait considéré comme étant de son intérêt personnel !

Dès son plus jeune âge, avec l'indulgente complicité de sa grand-mère, il s'entoure d'animaux familiers, crapaud, tortue, furet… et sur l'exemple de son grand-père passe des heures à observer les oiseaux du petit jardin fléchois.

Cet amour de plus en plus exclusif pour les animaux, le pousse à sauter la barrière du jardin familial pour explorer la campagne voisine. Comme tout amour est par définition possessif, il n'a de cesse qu'il n'ait réussi à capturer et conserver toutes les espèces qui lui tombent sous la main surtout des reptiles qui le fascinent tout spécialement. Il en résulte une véritable ménagerie que Jacques Bouillault installe dans un ancien hangar à bois.

De la ménagerie familiale au jardin zoologique, il n'y a qu'un pas que Jacques Bouillault franchit en 1946, année où il crée dans son pays natal, sur le terrain de sept hectares de son épouse, son célèbre Parc zoologique du Tertre Rouge, en référence à la couleur dominante du sable qui constitue cette colline. Dès le départ, il lui donne une conception et un esprit fondamentalement différents de celui qui règne dans la plupart des zoos de l'époque qui se définissent avant tout – c'est le terme officiel – comme une « collection d'animaux vivants » il en fait ce dont il a toujours rêvé selon ses propres termes « un lieu où l'homme et l'animal vivraient en bonne intelligence et en toute amitié ».

Seul à l'époque dans l'Ouest de la France, le Parc zoologique de La Flèche devient rapidement le rendez-vous de tous les naturalistes en herbe de la région et même celui des professionnels chevronnés, car il n'ait de vraie passion que celle que l'on partage, celle de Jacques Bouillault est irrésistiblement contagieuse, toujours riche des enseignements qu'il a puisé dans sa longue expérience de l'animal, qu'il soit libre ou captif. Avec ses yeux bleus malicieux, sa barbe pointue ponctuant chacun de ses propos de coups de menton volontaires, il compose un personnage fascinant d'académicien pince-sans-rire, alternant commentaires hautement scientifiques et anecdotes d'autant plus drôles qu'inattendues !

Le succès ne se fait pas attendre et à partir de 1970, plus de 240 000 visiteurs viennent chaque année écouter ce pédagogue hors du commun et s'initier à la vie des pensionnaires. Devenu un guide naturaliste de plus en plus apprécié, il fait découvrir « sa brousse » à des voyageurs passionnés principalement au Kenya et en Tanzanie mais aussi à Madagascar, aux Galápagos ou en Asie.

Des dizaines de touristes motivés qu'avec sa verve inaltérable, il initie à la vie sauvage. C'est le récit didactique et imprégné de poésie, avec comme toujours un zeste d'humour très personnel qu'il nous dévoile dans ces pages évoquant ses rencontres avec les gorilles, les éléphants et autres géants de la brousse.

Toujours lucide, il égrène les menaces qui pèsent de toutes parts sur ces derniers vestiges de ce que fut la vie à l'aube de l'humanité. Sous une forme anecdotique, cet ouvrage est un précieux témoignage destiné à des générations futures qu'invoquent à chaque occasion les responsables de ce qui nous reste d'environnement !

Dr Pierre Pfeffer

Directeur de recherche honoraire au CNRS

Muséum National d'Histoire Naturelle

Préface
Yann Arthus Bertrand

A 20 ans, je dirigeais une réserve animalière dans l'Allier, Jacques Bouillault était pour moi un modèle.

Il comprenait et respectait les animaux, ses contacts avec les fauves étaient spectaculaires.

Ses amis africains l'appellent Simba, c'est-à-dire « le lion » en swahili.

« Les aventures de Simba », par leur justesse et leur authenticité, racontent merveilleusement cette complicité avec la nature et la vie sauvage.

Chacun des portraits nous plonge dans l'instant magique de la rencontre avec l'animal : éléphants, rhinocéros, gorilles…

Cela ne dure souvent que quelques minutes mais l'émotion reste indélébile !

Yann Arthus Bertrand

Jacques Bouillault, un naturaliste sarthois qui a marqué son siècle

C'est une vocation et une passion qui l'ont amené à créer en 1946, le premier Parc zoologique privé français d'après-guerre et le musée de la faune régionale de La Flèche.

A quatre pattes dans le jardin de sa grand-mère, le petit Jacques partait déjà en exploration à la recherche de la vie sauvage ! Contrairement à ce que certains ont pu penser, son premier fauve n'a pas été le lion ou le tigre mais un furet particulièrement parfumé. La période de la guerre devait amené le jeune naturaliste à devenir pour sa sécurité un forestier et un sportif « homme des bois ».

De retour à son quartier général à Saint Germain du Val, il fréquentait plus que jamais les vipères et protégeait les araignées. Ce phénomène régional a commencé a intéressé la curiosité des voisins pas toujours rassurés, Jacques Bouillault prêchait déjà la bonne parole en pédagogue intarissable.

Dans son zoo du Tertre Rouge, les nombreux visiteurs n'allaient pas seulement voir des animaux exotiques mais une sorte de phénomène au milieu de ses animaux. Avec une approche particulière et décontractée, très recherché par les visiteurs, Jacques Bouillault nous fascinait et nous captivait !

Mammifères, oiseaux, reptiles, le parc s'enrichissait de jour en jour. Les reportages, les documentaires, la télévision et le cinéma contribuaient à faire connaître l'œuvre de notre naturaliste.

A lui tout seul, et sans l'avoir recherché, il allait devenir un « véritable livre d'histoire naturelle ». Un premier safari en Afrique en 1963 allait lui permettre de parcourir le monde et de réaliser son rêve à savoir de découvrir la brousse et la vie sauvage.

Aujourd'hui, Jacques Bouillault par le fruit de tout son travail souhaite transmettre aux générations futures le résultat de ses recherches au travers d'une Maison de la nature ouverte au public, qui regrouperait l'ensemble de ses collections dans un merveilleux livre d'histoire naturelle, afin de réaliser un lieu d'exposition permanent et évolutif dans notre région.

Reconnu comme l'un des cent sarthois qui ont marqué leur siècle, Jacques Bouillault est Chevalier de l'Ordre de la légion d'Honneur, Officier des Palmes Académiques, Chevalier de l'Ordre National du Mérite et a reçu l'Etoile civique et le Mérite Agricole.

« L'ami des Aigles » aux éditions René Juliard, « Mes amis du Tertre Rouge » aux éditions Sun, « une vie de naturaliste » (biographie) aux éditions Cheminements déjà parus, un quatrième ouvrage paraîtra en 2008 « les aventures de Simba ».

L'association Maison de la nature Jacques Bouillault-Simba nature 29 rue Marivaux au Mans dans la Sarthe a été créée en Septembre 2002 (bouillault.jacques@wanadoo.fr) afin de soutenir le merveilleux projet de notre célèbre naturaliste fléchois. Venez nombreux nous y rejoindre !

A Ch. Taschon
(Présidente de l'association Jacques Bouillault)
Article paru dans « la Vie Mancelle et Sarthoise » de Septembre-Octobre 2006

Témoignage d'Emmanuel Mouton

Retour aux sources

Revoir Jacques Bouillault, c'est un retour au pays de l'enfance, un pays où l'on regarde tout ce qui nous entoure avec l'émerveillement et l'ingénuité du cœur d'un apprenti naturaliste.

Lorsqu'il apparaît du fond de sa case en bois, éclairé de sa barbe blanche, on songe aux aventures lointaines, à la brousse de Livingstone, aux grands fauves du Serengeti, on entend sourdre les cataractes amazoniennes, Jacques Bouillault est l'un des ultimes représentants du brillant cortège des naturalistes poètes, dans la tradition des explorateurs du XIX^{àme} siècle, il en défend l'arrière-garde.

Dans la jungle de John Burroughs, il enseigne l'art de voir les choses, non pas tant d'un point de vue purement scientifique, mais avant tout avec le cœur. Il est le naturaliste romantique qui a intériorisé la dimension enfantine de notre relation avec la nature. Son œuvre est en lui, disséminée autour de lui, par l'enseignement informel qu'il a dispensé durant toute son existence à ses visiteurs jeunes et moins jeunes.

La voix douce du naturaliste s'anime de la présence d'âmes animales et végétales, des senteurs marines de la Patagonie, des profondeurs de la sylve malgache, du haut bocage sarthois. Par l'œil et par l'oreille, ce poète interprète les choses de la nature, qu'il saura transformer en conte.

Le calme est en lui, comme il est au chêne solitaire qui, solidement enraciné, murmure au vent du soir. Son feuillage abrite du soleil et de la pluie, des péripéties de la vie.

En quête de perpétuelle authenticité, il refuse toute compromission, toute tricherie, il loue la solitude au milieu de la nature, la fidélité et, même après avoir connu la douleur du renoncement, toujours aussi présente, seules importent pour lui les qualités de cœur.

C'est la nécessité d'un retour aux sources, en cet imprévisible été, qui animait ma venue chez mon mentor, sur les bords de l'étang de Jacques Bouillault.

E. Mouton

(Auteur de la biographie de Jacques Bouillault)

Confidences

Tout au long d'une carrière mouvementée, je crois avoir eu beaucoup de chance.

La chance surtout de rencontrer, de côtoyer et d'étudier tant d'animaux !

Mais comme une sorte de prix à payer, il y avait inévitablement des épisodes difficiles qu'il fallait surmonter.

C'est ainsi, que j'ai collectionné les souvenirs et les égratignures du métier et de la vie.

Sans partage, j'ai vécu ma vocation et ma passion, sur la piste des « bêtes sauvages ».

Ces bêtes sauvages qui m'ont sans doute aidé à survivre dans la jungle des hommes.

Le grand-père aux oiseaux

Il était une fois… un petit garçon tout blond et bouclé, avec les yeux tout bleu, qui commençait à quatre pattes à découvrir la nature dans le jardin de son grand-père.

Quand on lui demandait : « comment t'appelles-tu, ma jolie petite fille ? »

Il répondait fièrement : ma mémé m'appelle « poupée yolie ».

Dans le petit jardin fléchois, il rencontrait le crapaud, la chenille si belle du machaon, le lézard gris qui se chauffait au soleil ou les escargots jaunes cerclés de noir cachés dans les bordures de buis.

Son grand-père lui montrait le soir, les petites chauves-souris qui chassaient les insectes ou le nid du rouge gorge dans un trou du vieux mur.

Dans des pots à fleurs aménagés en nichoirs, les bébés des mésanges piaillaient et s'emplumaient.

Et, tous deux, emmitouflés l'hiver, balayaient un petit coin de neige, pour mettre des graines, des miettes de pain et de l'eau tiède dans un petit abreuvoir, pour venir en aide aux oiseaux.

Au bout de quelques saisons, un autre printemps est revenu.

Un matin frais mais ensoleillé, le gentil grand-père tenait son petit Jacot par la main, sans parler, il regardait le ciel…

Et, elle est arrivée la première hirondelle, car c'est elle qu'il guettait et qu'il espérait.

Sa main de jardinier a serré très fort la petite menotte.

Une grosse larme de bonheur a roulé sur la joue du vieil homme…

Et, ce fut le dernier printemps du « grand-père aux oiseaux ».

Attractions foraines

A une époque où les parcs zoologiques n'existaient pas encore, on ne parlait que de ménageries, de jardins des plantes ou d'acclimatation.

Ce n'était qu'à l'occasion de fêtes foraines que de modestes ménageries venaient présenter pendant quelques jours des « bêtes sauvages ».

C'est ainsi qu'à la sortie de l'école, notre futur naturaliste explorateur découvrait un monde animal parfois exotique qui le fascinait.

Inconsciemment, cela devait être pour lui le début de sa longue et imprévisible carrière.

En voici quelques récits en souvenir :

– Des ours dans les rues de La Flèche.

– Les rats géants, terreur des égoutiers de Marseille.

– L'homme-singe.

Quand les ours vont à l'école

Il faisait assez froid sur le chemin de l'école, l'élève toujours à l'heure avait bien failli ce jour-là être en retard.

Rue du collège, il y avait le folklorique passage des tsiganes et de leurs ours.

Les deux ours étaient muselés et leur dresseur basané les conduisait à la « baguette ».

Les plantigrades marchaient debout et semblaient danser, accompagnés par les tambourins de deux bohémiennes aux longs cheveux noirs.

Elles portaient aux oreilles de grandes boucles, marchaient pieds nus et leurs robes sombres étaient sans doute traditionnelles.

Sur les trottoirs où à leurs fenêtres, les curieux applaudissaient et jetaient quelques pièces que les courageux gamins, eux aussi pieds nus, s'empressaient de ramasser.

À l'heure de la récréation, les tsiganes et leurs ours invités par « Monsieur le Directeur » attendaient les petits élèves dans la cour de l'école.

L'un d'eux ne devait jamais les oublier.

Les rats géants

Devant un petit chapiteau, le « patron » intarissable et très inspiré, mais désespérément brouillé avec l'histoire naturelle, annonçait devant l'entrée de sa ménagerie :

« Venez voir, venez voir, les rats géants terreur des égoutiers de Marseille, capturés au péril de leur vie et enfin domptés par des hommes courageux... » J'en passe et des meilleurs !

Les badauds payaient leur entrée pour voir dans une grande caisse sans couvercle, deux ragondins parfaitement apprivoisés qui déjeunaient avec appétit.

Assis comme des écureuils, ils tenaient avec leurs mains griffues des croûtons de pain ou des carottes...

Leur longue queue ronde comme celle d'un rat et leurs grandes incisives oranges et tranchantes étaient bien celles d'un gros rat.

C'étaient donc eux les rats géants, terreur des égoutiers de Marseille ?

Sans le savoir, les visiteurs bernés venaient de découvrir le ragondin ou castor du Chili, d'abord élevé pour sa fourrure, avant qu'il ne colonise désastreusement une partie du monde.

L'homme-singe

Devant une baraque foraine, un bonimenteur qui ne manquait ni de souffle ni de talent, annonçait sans complexe le spectacle unique au monde du premier « homme-singe ».

Avec beaucoup de conviction et quelques succulents détails, il décrivait une dramatique et incroyable histoire.

Cela donnait à peu près ceci :

Il était une fois en Afrique, des femmes qui travaillaient au champ, quand une horde hurlante de brutes poilues avaient surgi de la forêt.

De cette attaque éclair, les sadiques gorilles étaient repartis dans la jungle en entraînant avec eux une jeune femme terrorisée qui criait au secours.

Mais, ce n'est qu'après plusieurs dangereuses tentatives que les courageux villageois devaient réussir à libérer saine et sauve la prisonnière des gorilles.

Celle qui plus tard devait mettre au monde le premier homme-singe…

Les forains ouvraient alors le volet d'une ancienne cage à lions…

Derrière la grille, une « femme sauvage » aussi noire que l'ébène, assise sur un tabouret était frileusement emmitouflée dans une couverture.

Dans ses bras, les visiteurs pouvaient apercevoir un bien étrange bébé qui n'avait rien d'un monstre, même s'il était aussi sombre de poil qu'un gorille.

Comme un vrai petit d'homme, il semblait apprécier la chaleur et le lait de « sa mère ».

L'émouvante nourrice élevait donc très maternellement celui qui pourtant n'était pas le fruit d'un enlèvement par d'affreux gorilles mais tout simplement un bébé chimpanzé…

Il fallait y penser !

Dans la roulotte où ronflait le poêle, le frère de lait du bébé singe avait droit à son tour à une généreuse tétée, en attendant le prochain spectacle unique au monde du premier « homme-singe ».

1941
Sciences Naturelles,
« La cane du Père Poisson »

Pendant une période de l'histoire, très noire et très difficile, chacun de nous surtout à la campagne, n'avait pas trop de mal à améliorer l'ordinaire.

Dans les marais de la Reinière, près de La Flèche, j'aimais rencontrer le Père Poisson (ce n'est pas un pseudonyme) qui relevait ses nasses en période de fermeture…

Ce jour-là, je l'accompagnais, la pêche était bonne, rien que des tanches.

Mon vieil ami s'intéressait au drôle de P'tit gars, passionné de nature, qu'il apercevait de temps en temps, seul dans cette vallée du Loir.

De retour à la ferme, le brave homme « ben d'ché nous », se fait un plaisir de m'offrir pour « mon musée » une cane sauvage prise au piège et qui dans le garde-manger attendait la casserole.

Sans tarder je reviens chez ma grand-mère, impatient de commencer la préparation de la future grosse pièce du début de ma collection d'oiseaux naturalisés.

Mon atelier sera la table de la cuisine, je n'étais pas au bout de mes peines, ma grand-mère non plus !

Sur un journal, avec un taille-crayon comme scalpel je me mets au travail…

Au bout de quelques heures de patience, de trous dans la peau et de désespoir, le diagnostic est enfin positif : la cane du père Poisson sera naturalisable.

Dans ce temps-là, on disait plus souvent empailler que naturaliser et c'était seulement le début de l'art de la taxidermie.

Pour l'heure, la tête de l'oiseau était remodelée à l'argile, le moment était venu de lui ajouter les yeux.

J'avais bien quelques paires d'yeux de verre mais peu de choix.

Essayons quand même ceux-là qui conviendrait peut-être mieux à un lapin de garenne ?

Tout à coup, je trouve que ma cane a meilleure mine !

Plus tard, j'ai dû admettre que vus de face ou de dessus, les yeux n'étaient ni en ligne ni à la même hauteur mais la cane avait des yeux, c'était le principal.

Entre-temps sur la cuisinière, la cane dépouillée mijotait et commençait à sentir bon.

Avant d'y goûter, où en étions-nous ?

Ça y est, j'arrive…

Dans cette période de restriction, je ne trouvais pas le fil galvanisé que j'aurais souhaité utiliser pour l'armature mais seulement du fil de fer qui rouille, juste bon à ficeler des fagots.

De plus, il ne fallait pas compter sur les os des pattes écrasés par le piège.

Tant pis, essayons de mettre la cane debout.

Zut, les pattes sont trop en arrière, les fils trop faibles, une fois, deux fois, dix fois mon chef d'œuvre s'écroule sur le jabot la queue en l'air !

C'est pas la peine de vous marrer, sans cœur !

J'envisage deux solutions extrêmes : la plus expéditive est le foyer de la cuisinière qui ronfle, heureusement ma grand-mère désapprouve !

La seconde plus conservatrice m'inspire mieux.

Je plie définitivement les pattes, je tasse un peu le cou, ça y est la cane est en train de couver… et ça suffit pour aujourd'hui !

Depuis, à l'occasion d'expositions, elle a continué à couver stoïquement avant de prendre sa retraite dans son pays natal.

Une anecdote : Saint Brieuc 1952 clou de la foire exposition, « le pavillon de la chasse » le titre n'est pas de moi.

Le grand déballage, les décors et la mise en place, quel chantier !

Pour me remonter le moral, je commence à installer la cane qui couve, on aperçoit même un œuf.

Une dame qui a le privilège d'être la première à admirer cette « œuvre d'art » s'inquiète.

Excusez-moi, Monsieur, la pauvre cane sur son nid, tout cela ne la dérange pas trop ?

Non Madame, rassurez-vous, j'espère bien avoir des petits canards avant la fin de l'exposition.

Au démontage, la dame vient aux nouvelles... Alors ?

Plus d'espoir chère Madame, la cane ? Il y a onze ans qu'elle couve !

La gentille dame qui se doutait bien de quelque chose n'était pas fâchée, nous avons bavardé.

Merci Madame.

1944
Chahaignes… 60 ans plus tard

Entre les chantiers forestiers sarthois de Perseigne et de Saint Jean du Bois, mon meilleur souvenir restera celui de la région de Chahaignes, de la forêt de Bercé et des bois de la Chènuère.

La guerre et la période d'occupation n'étaient pas terminées et les jeunes de vingt ans réfractaires au travail obligatoire en Allemagne étaient des clandestins en insécurité permanente.

Costaud et libre, je travaillais en forêt, je vivais en forêt, tour à tour bûcheron charretier ou charbonnier, un peu braconnier, toujours naturaliste et secrètement amoureux…

La charpente de perches de châtaignier de mon « châtiau » était recouverte de bruyère et cette loge semblait comme les arbres sortir de la terre.

Ni porte, ni fenêtre, simplement un lit rudimentaire et assez de couvertures pour les nuits fraîches.

Quelques caisses dont celle des vipères servaient de tables et de sièges.

A l'extérieur, un trépied, une crémaillère, une marmite en fonte et un tonneau d'eau fraîche de l'étang voisin où les poissons ne manquaient pas !

Accompagné de ma corneille apprivoisée, j'allais très prudemment chercher du lait et quelques œufs à la ferme, de l'autre côté de la route non goudronnée où passait chaque jour une patrouille qu'il n'aurait pas fait bon de rencontrer.

Nous n'avions ni tracteur ni tronçonneuse et la forêt ne résonnait que du bruit de nos haches ou de la chute d'un arbre.

Tôt le matin, deux camarades qui étaient dans la même situation que moi me rejoignaient sur la « coupe » avec leur panier ou la musette pour la journée.

Le travail était dur surtout quand il fallait la nuit surveiller le brasier des meules à charbon de bois.

L'ambiance familiale de la maison de notre employeur était sympathique car Emile et Marthe étaient ce que l'on peut appeler de braves gens.

Mais quand on ne vit pas tout à fait comme tout le monde, cela ne peut pas passer longtemps inaperçu.

A partir peut-être du bistrot de la place de l'église, les nouvelles sont allées aussi vite dans la campagne que dans la forêt.

« V'la t'y pas que l'nouveau » protégé d'Emile était dans les bois de la Chènuère avec de drôles de bestioles, Marthe l'avait même vu « pétasser » des aspics !

La discrète tranquillité de l'homme des bois risquait d'en être compromise.

Tiens, dimanche si on allait « y dire » bonjour ?

Et, c'était parti pour une conférence reptilienne improvisée, la réhabilitation de la chouette effraie, la récréative effronterie de la corneille ou une démonstration de vol de l'épervier.

Avec un peu de parfum de « Coco », le furet affectueux dans les bras des gamins, ce serait peut-être le sujet de conversation en débouchant une bonne bouteille de cidre ?

De cette époque, mon plus enrichissant interlocuteur fut le vieux garde du domaine de la Chènuère.

En fin de journée, il aimait me rendre visite et assis sur des bûches près du feu nous parlions sans aucune barrière de générations de la nature et de la faune sauvage.

De son jardin, il n'oubliait jamais de me choisir les radis les plus tendres ou les premières pommes de terre nouvelles.

Le corbeau tirait sur ses lacets de souliers et le vol ouaté de la « dame blanche » traversait la clairière.

En regardant danser les flammes, il nous arrivait de nous taire et de retenir notre souffle pour écouter ensemble battre le cœur de la forêt.

Je suis heureux et fier d'avoir connu cet homme simple et sensible et je lui suis reconnaissant d'avoir pris le temps de traverser ma vie et de m'avoir permis d'être son ami.

Un zoo dans une tasse de thé

En 1945, une marquise de passage au secrétariat de la mairie de La Flèche, y avait rencontré la mère d'un jeune naturaliste, une sorte d'homme des bois dont on commençait à parler.

Madame la marquise souhaitait rendre visite à l'original Jacques Bouillault qui, par manque de place chez sa grand-mère, avait émigré au lieu dit « le Vau » au pied des collines de St Germain du Val.

Après les années difficiles de la guerre, le candidat broussard se préparait à partir en Afrique.

En attendant, son pittoresque environnement ne pouvait qu'éveiller la curiosité.

L'ambiance y était studieuse, entre les collections d'histoire naturelle, les livres, l'atelier-laboratoire et le vivarium des couleuvres, vipères et autres pensionnaires.

Sans oublier les précieuses araignées et leurs toiles décoratives entre les solives du plafond.

Dans ce bel endroit de nature du bocage sarthois, le futur explorateur avait pris l'habitude d'y installer sa tente ou de dormir à la belle étoile.

A cette époque, les gens se déplaçaient surtout à bicyclette et c'est à bicyclette que la marquise et la mère d'un inquiétant jeune homme qui fréquentait les vipères et protégeait les araignées, que ces dames devaient avoir droit à la visite commentée des trésors d'un naturaliste passionné.

Séduite et consciente du privilège qu'elle avait eu de rencontrer ce phénomène régional, madame la marquise invita « Monsieur Jacques Bouillault » à venir prochainement prendre le thé.

C'est ainsi que le sauvage et timide homme des bois allait découvrir un tout autre monde.

Le moment venu, de St Germain du Val il n'aurait qu'à traverser sa ville natale, puis le pont sur le Loir et prendre de l'autre côté la route et le chemin de la forêt.

Le rendez-vous se trouvait sur la butte boisée du « Tertre Rouge ».

La grande demeure était cossue et confortable, la maîtresse de maison savait recevoir.

Comme dans une pièce de théâtre au lever de rideau, les principaux personnages étaient présents.

L'invité n'était pas très à l'aise, craignant d'être gauche et maladroit, il se demandait bien ce qu'il était venu faire là.

On a parlé de tout et de rien mais heureusement des oiseaux, du renard, du chevreuil et du sanglier qui fréquentaient la propriété.

Le jeune naturaliste s'est alors détendu, même s'il avait parfois l'instinctive impression de passer un examen.

Madame la marquise appela sa fille mais la grande et belle jeune fille de la maison ne fit qu'une apparition, juste le temps de prendre une tasse de thé et de troubler profondément l'invité.

Un zoo venait peut-être de naître dans une tasse de thé ?

Car, sans cette tasse de thé le célèbre zoo du Tertre Rouge n'aurait jamais existé.

Mais, n'était-ce pas aussi le début d'une imprévisible histoire d'amour entre Cendrillon et l'homme des bois ?

Texte écrit 60 ans plus tard répondant aux questions souvent posées :

Le Tertre Rouge : où ? pourquoi et comment ?

Congo 1963

Quand un rêve devient réalité

Un jour d'été au zoo, il y avait la foule habituelle de la période des vacances.

Après la traditionnelle visite commentée, je rencontrais souvent des passionnés de nature et de vie sauvage, c'était la belle époque du Tertre Rouge.

C'était aussi le jour d'une précieuse invitation que voici :

« Nous sommes sarthois et voisins, chaque année nous profitons d'un congé pour vous rendre visite.

Nous habitons et travaillons au Congo, vous devriez venir nous voir, nous vous invitons et nous serions ravis de vous accueillir. »

J'ai simplement répondu : je viendrais.

Dès leur retour à Madingou, entre Brazzaville et Pointe noire, mes nouveaux amis me confirmaient leur invitation, ils m'attendaient.

Et c'est comme cela qu'il y a longtemps j'ai découvert l'Afrique qui devait devenir ma seconde patrie, je n'étais pas encore Simba.

Baptême de la brousse

Au cours de cette première expérience en Afrique noire, je découvrais, j'écoutais, je humais, je vivais l'Afrique, cette Afrique dont je rêvais depuis mon enfance.

Sans tarder, l'une de mes spécialités étant le monde des reptiles, nous sommes arrivés à parler « serpents » qui, du plus petit au plus grand ne semblaient pas manquer dans la région.

Mes hôtes avaient plein d'histoires reptiliennes à me raconter : le python qui, en visite nocturne dans le poulailler avait avalé un trop gros canard, ce qui l'avait empêché de repasser sous la porte.

Vigoureusement décapité à la machette, il avait fini dans la marmite en compagnie du palmipède !

Le cobra qui derrière le frigo avait été pris pour une serpillière.

Une vipère heurtante éliminée à la carabine, dans le salon du directeur de l'école.

Sans oublier le mamba vert qui a connu le même sort dans le haut des bambous dont il avait la couleur.

Mais hélas le cas d'un pêcheur qui n'avait pas survécu au venin.

Le tout agrémenté d'un peu de cannibalisme !

Ça va, ça va j'en ai vu d'autres, si vous croyez me démoraliser ?

La boîte à gâteaux est prête avec quelques trous dans le couvercle, le sac en toile et le bâton fourchu n'attendent qu'une occasion.

Quand est-ce qu'on y va ? Et nous y sommes allés avec la boîte à gâteaux, le sac pour les grosses pièces, le collet à lézards et la fourche à vipères.

Au retour, ça commençait à frétiller à la place des gâteaux, je n'avais perdu la main.

Le sac était vide mais ce sera pour la prochaine fois.

Pourquoi pas une vipère du Gabon, grosse comme une bouteille, avec des crochets venimeux longs comme ça !

Pour le moment, avec quelques lézards, plusieurs couleuvres et un petit serpent particulièrement nerveux non identifié, nous n'étions pas bredouilles.

Nous tenterons ce soir une chasse de nuit, dans le secteur du poulailler.

A quelque distance de la maison des « maîtres » je partageais la case de passage avec un sympathique et rondouillard crapaud que je retrouvais parfois sous la douche.

J'appréciais le lit de camp, la moustiquaire, la lampe à pétrole et le chant des grenouilles.

Ni porte, ni fenêtre, le rêve !

Comme hélas le temps passe trop vite et qu'en Afrique il fait nuit de bonne heure, dans la lumière incertaine du logement permanent d'un batracien sédentaire, je commençais à préparer mon baluchon d'apprenti broussard.

C'est à ce moment-là que s'annoncent mes deux gardes du corps aussi noirs que la nuit…

Ils semblaient avoir pris goût à un nouveau sport et m'apportaient un autre pensionnaire.

Mes chasseurs avaient, sans l'abîmer, capturé un beau serpent qu'à première vue j'avais pris pour un naja.

Bien tenu derrière la tête, le reptile cherchait à mordre dans le vide.

Cela m'a permis, à l'aide d'une lampe de poche de savoir à qui nous avions à faire, le cadeau n'était pas empoisonné.

Il ne restait qu'à le mettre en boîte mais l'emballage était déjà occupé.

Laissons la boîte par terre, passez-moi le serpent. Bon, quand vous serez prêts, éclairez-moi bien, je vais entrouvrir le couvercle et glisser la couleuvre la queue la première dans le piège. Surtout la lumière !

« Y radotte » complètement ce drôle de blanc et a-t-on idée de mettre en boîte des serpents tellement bons à manger ?

La torche tombe… lumière ! Il n'y a qu'un demi serpent arrivé en marche arrière dans la boîte où il déclenche un incontrôlable remue-ménage…

Le couvercle saute, côté reptiles, tout le monde dehors… Sauf un, le petit nerveux non identifié qui pendu à ma main gauche, est en train de se faire les crocs !

Il lâche et tombe, ça en fait un de plus à ramper entre les pieds nus des congolais qui jouent dangereusement du coupe-coupe dans la pénombre…

C'est le moment de se garer les orteils, la lumière est revenue, quelques queues de lézards se tortillent.

Et ça les fait rire, les spécialistes de la machette !

Je cherche au milieu de ce qui reste de nos précieuses captures le teigneux qui m'a grignoté.

Je trouve la tête séparée du corps tronçonné, une petite tête que je ramasse et que j'examine avec précaution et pour cause, je viens d'être mordu par un serpent venimeux.

D'un seul coup alertés, mes amis qui devaient préparer le dîner se sont un peu paniqués.

Le seul secours était à Madingou, à une quinzaine de kilomètres en pleine nuit avec une piste défoncée par la saison des pluies. C'est seulement là-bas qu'il y avait un médecin et peut-être du sérum ?

La jeep était débâchée, le camion trop lourd, il ne restait que la deux chevaux…

Côté santé ? Pas terrible, la main était plus engourdie que douloureuse, ce n'était sans doute qu'un début !

Je commençais à penser que j'étais peut-être venu prendre mes « grandes vacances » dans une brousse qui n'avait pas voulu de moi.

J'avais déjà goûté plusieurs fois au venin des aspics mais dans le cas présent, c'était pour moi l'inconnu.

La seule chose un peu positive à défaut d'être rassurante, était que le serpent qui à cause de moi avait « perdu la tête » était petit.

C'était à quoi je pensais et m'accrochais pendant l'interminable trajet sous la pluie torrentielle.

Ça va ? Pas fort… On y est.

Toc toc, le docteur était à table… Qu'est-ce qui vous arrive ?

Ne vous inquiétez pas, ça n'a pas l'air très grave, asseyez-vous, voulez-vous un whisky ? Ça vous fera du bien…

C'est malin, juste ce qu'il ne faut pas faire !

Je refuse, j'accepte un jus de fruit et je tombe dans les pommes…

Après une courte absence, j'ouvre un œil comme si ma nuit avait été peuplée de serpents. Où suis-je ? Les amis m'aident à émerger, il paraît que je vais mieux, j'ouvre le deuxième œil et je rebois un jus de fruit.

Près de moi sur la table, une seringue et une grosse ampoule vide… Je lis : sérum anti-venimeux polyvalent pour espèces africaines de l'institut Pasteur… un vrai remède de cheval qui m'a peut-être sauvé la vie ?

Avec un peu de venin et beaucoup de sérum, heureusement que j'étais solide !

Après quelques jours de convalescence, je quittais avec regret mes accueillants sarthois du Congo, j'étais attendu à Brazzaville puis à Bangui.

Mon baptême de brousse assez « original » était une réussite et même si mon bras avait doublé de volume et passé par toutes les couleurs de l'arc-en-ciel, je venais de tomber amoureux de l'Afrique.

Dans mon carnet de voyage j'ai noté : j'ai entendu le rire d'une statue d'ébène, dans un coin de mon cœur, j'ai caché Madingou.

De retour à Brazzaville, je retrouve avec plaisir le sympathique hôtel français où j'avais passé ma première nuit africaine.

Juste en face de la grande île boisée, sur laquelle le soir les vols criards de perroquets gris venaient passer la nuit.

Au programme, pourquoi pas une sortie sur le fleuve ? C'est reposant pour un « mordu des serpents » !

Pour la première fois, depuis longtemps, je me sentais en vacances.

Il paraît que nous allons remonter une rivière superbe, calme et pleine d'oiseaux.

En attendant, le bateau fonce, bondit et éclabousse, je trouve cela grisant et rafraîchissant.

Voilà l'embouchure de la crique aux oiseaux, l'assourdissant moteur ne pourrait-il pas se mettre un peu en veilleuse ?

Oui, c'est mieux comme ça, je commençais à avoir la tête comme une calebasse.

Déjà un martin-pêcheur et plusieurs petits hérons qui ne s'envolent au ras de l'eau qu'au dernier moment, une tortue plonge.

Un aigle pêcheur, sur l'arbre mort droit devant !

Et vlan ! Il n'y avait qu'un tronc immergé, dont une branche vient de défoncer l'avant de la coque.

L'eau rentre, nous commençons à patauger, le bateau se pose en douceur sur du sable… mouvant !

Nous débarquons prudemment, notre situation est assez préoccupante car ce n'est pas le meilleur endroit pour faire du stop !

Il faut d'abord tenter de regagner le fleuve et avec quelques vêtements bouchonnés, nous essayons de colmater la brèche avant de repartir en écopant vigoureusement.

Mais, nous croyons entendre le moteur à plein régime d'un hors-bord qui vient vers nous.

Ouf ! C'est la patron de l'hôtel qui inquiet de notre retard « vole » au secours des explorateurs et, croyez-moi je ne me suis pas fait prier pour changer d'embarcation.

Plus tard, pour nous remettre de nos émotions, nous avons trinqué au bord du fleuve à l'heure du passage des perroquets.

1963
République Centrafricaine
Région de Madao

Une chasse aux buffles

Ce jour-là, Henri célèbre guide de chasse attendait de nouveaux clients.

Leur objectif était le plus convoité des trophées mais pas le plus facile à obtenir, celui du bozobo, l'éland de Derby, la plus grande et la plus farouche des antilopes.

De mon côté, plus pacifiquement, j'aurais bien aimé approcher et photographier mes premiers buffles mais en zone de chasse ils étaient paraît-il dotés d'aussi belles cornes que d'un irascible caractère ! On se demande bien pourquoi ?

J'aurais à conduire à travers les hautes herbes un 4 X 4 découvert, derrière moi deux pisteurs africains debout chercheraient les traces de buffles.

Ils seraient également chargés de la sécurité d'un client pas tout à fait comme les autres.

Le genre barbu qui ramasse précieusement dans des flacons toutes sortes de bestioles qui ne se mangent même pas !

Balasita et Kamengué semblaient prendre plus au sérieux la carabine à lunette que le « patron » leur avait confiée avec plein d'incompréhensibles recommandations.

Nous ne tarderons pas à trouver les premières bouses fraîches et l'odeur d'étable d'un important troupeau qui s'était reposé là.

Il faudra continuer l'approche à pied, parfois sans beaucoup de visibilité et peut-être dangereusement ?

Là où les feux de brousse saisonniers avaient laissé de la cendre, les pisteurs en prenaient une pincée qu'ils laissaient glisser entre les doigts, leur indiquant le sens de la plus faible brise.

Plusieurs fois, pour mieux voir ils grimpaient sur un kéké, ces vieux arbres qui survivent aux incendies.

Le vent de face ne pouvait pas avoir alerté le troupeau de buffles qui pâturaient calmement.

De nombreux veaux plus clairs sollicitaient leurs mères pour une vigoureuse tétée.

Les pisteurs m'ont encouragé à monter sur un kéké où, pour un long moment, je me suis très inconfortablement installé comme un babouin sentinelle…

Vigilant, Kamengué avait armé la carabine.

Un peu engourdi, je suis redescendu de mon observatoire moins souplement qu'un cynocéphale, j'étais satisfait, nous pouvions retourner discrètement vers la voiture sans déranger les buffles.

C'est ce que les pisteurs avaient compris mais ils ne semblaient pas du tout d'accord, que voulaient-ils ?

Le doigt sur la bouche, ils mimaient la dernière phase de la chasse.

Ca y est ! Je commençais naïvement à réaliser : pour eux la chasse, leur chasse n'était pas finie.

La carabine à lunette, c'était pour moi et pour leur buffle, je leur devais un buffle !

Ils ont dû cependant admettre, aussi surpris que déçus, que je n'avais aucune intention de tuer un buffle et que la chasse aux papillons me suffisait…

Au retour, ils ont fait à leur patron un compte rendu animé de notre expédition qui devait être très drôle car ils ont tous les trois bien rigolé.

Tant mieux, quant à moi le tout neuf broussard, je ne pouvais qu'être ravi de cette inoubliable approche des buffles de Madao.

Épilogue

La moisson d'insectes étaient intéressante, les images de buffles réussies.

Hélas, plus tard, je devais apprendre que les courageux pisteurs Balasita et Kamengué avaient été victimes, l'un de la charge d'un buffle, l'autre d'un éléphant blessé…

1963
République Centrafricaine : Madao

Émotion

Au début de l'après-midi, le soleil et la chaleur sèche écrasaient la brousse et les dormeurs qui ronflaient…

Sauf un, toujours le même, insatiable et parfois inconscient.

Brodequins et casquette de circonstance, jumelles et épuisette à papillons, la panoplie était complète au détriment de la sécurité !

A une centaine de mètres du campement, il y avait de gros rochers pour une fois sans babouins (ils étaient à l'ombre, eux !)

Mais, derrière les pierres brûlantes, un raffut pas possible dans les herbes et les feuilles qui craquent…

Ca y est ! Je suis bon, ça va être ma fête, ça ne peut-être que les « mauvais » buffles. Mais que feraient-ils à cette heure-ci, si près de leurs ennemis les hommes ? À moins que la mare et la soif…

Mieux vaut aller voir et comme je n'imagine pas les buffles sur les rochers des babouins, j'envisage en bon primate d'y grimper prudemment, juste le temps de résoudre mon problème.

L'escalade est tiède, de l'autre côté ça continue à jardiner activement, y a du monde, mais pas d'odeur de vache !

La visière au ras du sommet, je découvre… une bande de pintades qui grattent comme des poules et qui, à l'apparition d'un drôle de babouin, s'envolent dans toutes les directions en criant à alerter toute la brousse…

1964
République Centrafricaine : Madao

La pêche aux pythons

Au retour d'une sortie matinale fructueuse, au milieu d'une faune riche et variée, deux pythons morts bien allongés m'attendaient devant ma case.

Que s'était-il passé ? J'avais bien remarqué des filets qui séchaient au bord de notre point d'eau et souvent au menu d'excellents tilapias, délicieux poissons qui variaient agréablement un régime abondamment carné.

Les cuistots relevaient leurs filets le matin. Cette nuit, deux pythons de quelques trois mètres qui devaient chasser le canard, s'étaient entortillés et noyés.

Rien ne sera perdu, les superbes peaux prélevées avec autant d'habilité que de dextérité par des gens qui avaient l'habitude du dépeçage…

La viande boucanée sur les braises comme celle d'autres gibiers et la graisse blanche soigneusement mise de côté.

Pourquoi faire ? La cuisine ?

Qu'ils sont curieux les naturalistes !

Non, pas pour la cuisine mais pour les douleurs de la saison des pluies, la graisse de python est utilisée en massages, car ici, comme ailleurs, les gens souffrent de rhumatismes… me voilà renseigné !

Je n'ai pas goûté du python fumé, j'ai préféré du tilapia.

Et je me suis souvenu qu'à une époque relativement récente, dans nos campagnes françaises, la graisse du blaireau était parfois réservée au même usage.

Tchad

Une autruche qui s'appelait Aglaée

Aglaée était une autruche qui régnait sur le poulailler et chassait le cuistot quand il envisageait de tordre le cou à un poulet ou à un canard, chaque fois il y avait palabres à coups de balai et de ruades !

Mais une nuit de clair de lune, c'est une panthère qui convoitant un dessert emplumé, se trouva moustaches au vent au prise avec la gardienne des volailles, situation inconfortable et dangereuse pour un jeune fauve inexpérimenté !

Et, ce fut la raclée, la volée, à coups de bec et de pied, le félin s'était trompé de garde-manger ! La lutte était inégale une vraie tornade !

Imaginez le tumulte, la pagaille, l'orage déclenchés…

Les gens de la maison, les chiens, les cris, les ordres, les plumes en désordre et le prédateur piétiné ressemblant déjà à une descente de lit !

Quel spectacle après l'ouragan ! Aussi, quand seulement quelques jours après le drame, je fus à même d'aller féliciter l'héroïne, je n'étais qu'à moitié rassuré…

Mais la maîtresse de maison connaissait si bien son ancien autruchon qu'il n'y avait rien à craindre…

Alors, allons-y, on verra bien ! Je prends quand même une trique, mais c'est moi qu'Aglée regardait, rien que moi et particulièrement de travers… La voilà qui arrive ailes déployées, la tuile !

Heureusement que sa trop petite mais courageuse « maîtresse », arc boutée contre le puissant poitrail, m'a permis de m'éclipser sans dommage… Même pas un poil de barbe à l'envers !

Une vraie fausse dignité, une belle trouille quoi !

Et c'est ainsi que moi, le dur, le broussard plus habitué à fréquenter les fauves que les hommes, je me suis fait sortir par une autruche de poulailler !

Le cousin de l'Ouganda

Nous étions en Ouganda, dans la région des chutes de Murchinson et nous nous apprêtions à traverser un gros village. C'est alors que nous rencontrons une bruyante bousculade qui va nous retarder. Une bande de jeunes canardait à coups de pierres quelque chose dans le haut d'un arbre sur le bord de la route.

Et, nous découvrons un chimpanzé réfugié sur les plus hautes branches, grimaçant de peur, terrorisé par tant de braillards avec lesquels il devait avoir un compte à régler.

Nous prenant à témoin, on nous explique que la « sale bête » venait de mordre.

L'égratignure nous semblait sans gravité mais il y avait palabre…

Un peu agacé par une perte de temps précieux, j'adresse aux galopins un énergique hououah ! très chimpanzé, qui surprend autant ceux qui sont sur la route que celui qui est dans l'arbre !

Ho, ho, ho, heu, heu, heu, tant qu'on y est je traduis : J'arrive, n'aie pas peur cousin, ça va s'arranger ho, ho, heu, heu !

Tu ne veux plus descendre ? tu ne veux quand même pas m'inviter sur ton perchoir ?

Car, côté acrobaties arboricoles, je ne suis qu'un primate inférieur juste bon pour le plancher des vaches à longues cornes de ton pays.

Un hououah ! assez réussi stoppe la volée de cailloux.

Heu, heu, le chimpanzé qui retrouve le moral descend…et saute dans mes bras, c'est fou ce qu'on se ressemble ! il paraît que ça me va bien !

Mais, c'est à ce moment-là que commencent les ennuis.

Allez donc rendre service même à un chimpanzé, voilà que je ne peux plus me débarrasser du crampon qui m'a adopté.

Ses belles quenottes me semblent d'un seul coup un peu trop près des poils de ma barbe. Il est urgent de sauver la face avant que les autres ne rigolent !

Allons donc nous promener puisque ma famille vient de s'agrandir…de préférence dans la plus stricte intimité.

Des fois qu'à mon tour, je me fasse chiquer.

Personne ne suit ? C'est bon on y va, dans le fossé…

La promenade est finie, tout le monde descend ! Personne ne descend, une vrai sangsue, je sens qu'en père indigne je vais piquer une grande colère de chimpanzé !

Houah ! hououah ! ça marche, c'est pas le moment de mollir.

Je décroche une main, deux mains, zut, il en avait quatre !

Ca y est, ouf, il est dans l'herbe, je gare de justesse mes pattes de derrière et ne m'attarde pas… La colère c'est lui qui va la faire tout seul, dans le fossé.

Il aura beau brailler, trépigner, arracher de l'herbe ou s'arracher les cheveux, rien ne pourra plus m'attendrir.

Dans la vie des primates, aussi bien ceux qui grimpent aux arbres que ceux plus terre à terre et un peu trop lourd du bas du dos, il faut de la discipline, houah !

Et pas très fier de ma trahison, avec une sournoise dignité, je saute en marche dans le véhicule qui arrive me récupérer.

Après de telles émotions apéritives, nous allons casser la croûte.

Au début de l'après-midi, nous repassons discrètement et nous retrouvons quelques jeunes à la terrasse d'un café.

Tout le monde sirote, y compris notre coléreux cousin qui vide les fonds de bouteilles.

Allongé sur le dos, de la poigne de l'un de ses pieds il tient le montant de la chaise la plus proche.

Dans le village, le calme semble revenu, nous allons pouvoir reprendre la piste de notre safari.

Première rencontre avec le gorille de montagne

Au Rwanda, sur le flanc du Bisoké, l'un des volcans Virunga, notre camp de base se trouvait déjà à 2600 mètres d'altitude (où sous la tente, nous devions connaître la nuit la plus froide de notre existence !).

A partir de Ruhengéri, nous avions traversé les villages et les cultures, où il y a peu de temps vivaient encore les gorilles…

L'air était vif au début de la matinée mais le temps semblait exceptionnellement favorable à une première ascension.

Notre enthousiasme était aussi grand que notre impatience et nous avons commencé à grimper.

Sylvestre et Mathias, les meilleurs pisteurs ouvraient la marche.

La marche n'est pas, je crois, le terme tout à fait exact et, très vite nous avons cessé de bavarder, tout effort devenant extrêmement pénible.

En plaisantant, j'avais déclaré ne croyant guère au résultat de notre expédition, que je serais déjà satisfait en découvrant le biotope du gorille de montagne, un vieux nid ou une crotte d'une semaine…

Et, il a fallu monter, descendre, grimper encore, atteindre 3 000 mètres, glisser, un pas en avant trois pas en arrière et supporter la brûlure des chardons, des orties et des fourmis.

Nous avons dû parfois enjamber, trébucher, ramper derrière nos rwandais montagnards, auxquels je demandais de s'arrêter pour souffler un peu…

Le décor était superbe, un peu angoissant, la végétation étrange souvent inextricable et les grands arbres tordus et noueux étaient recouverts de mousses et de lichens.

Peu d'oiseaux, deux vers de terre géants, des traces de buffles, le voisinage inquiétant des éléphants de forêt invisibles et dangereux.

Je finissais par ne plus regarder que les talons de Sylvestre…

Avec une arme-outil en forme de point d'interrogation, les pisteurs se frayaient un passage parmi les bambous, coupant au travers, perdant et retrouvant la piste des gorilles.

Mais nous approchions : de plus en plus attentifs et prudents, les guides qui depuis longtemps se taisaient, examinaient les traces.

Nous avions dépassé les nids de la nuit précédente, les tiges de céleri mâchées étaient encore mouillées de salive.

Cette bouffée d'odeur fauve reçue en pleine figure, ce cri d'alarme terrifiant qui a claqué devant nous, et l'énorme silhouette seulement aperçue qui s'est évanouie trop vite, ce n'était pas un rêve, les gorilles de montagne étaient au rendez-vous.

La végétation a bougé sur la pente, puis tout s'est immobilisé.

Nous retenions notre respiration et imitant les gardes, nous faisions semblant de cueillir et de mâchouiller du céleri sauvage.

Enfin, un beau visage est apparu, celui du mâle dominant, le chef.

Les uns après les autres, les gorilles sont venus aux nouvelles…

Ils étaient paraît-il treize mais je n'en ai vu ensemble que huit.

Rassuré, notre groupe de gorilles n'avait semblait-il aucune intention d'aller plus loin.

Le grand mâle, aussi calme qu'imposant s'est assis, il a posé doucement son énorme main droite sur son épaule gauche, trois jeunes se sont rapprochés du colosse.

Un autre de la taille d'un chimpanzé, debout sur la branche d'un petit arbre a tenté comme un grand de se tambouriner la poitrine mais il a perdu l'équilibre et s'est rétabli de justesse, piteux et vexé, avançant les lèvres en une moue comique.

A son tour, le géant s'est dressé pour tambouriner, puis il a avancé son pied droit dans notre direction avant de retomber lourdement assis.

Nonchalamment, les gorilles attiraient à eux sans même se lever, des branches ou des tiges qu'ils écorçaient pour en manger le cœur.

Une grosse maman, poilue comme un ours noir, portait comme une peluche sur son bras gauche un adorable bébé.

Niché dans le creux du coude de sa mère, sur le dos, il jouait avec ses petits pieds.

Près de nous, Sylvestre dont le travail de pisteur était accompli, s'était lui-même fait « un nid » et recroquevillé au soleil, il somnolait…

Plusieurs fois le grand mâle s'est déplacé, montrant sa large poitrine noire ou son dos argenté presque blanc.

Après quoi, les gorilles se sont remis en mouvement et la forêt s'est refermée derrière eux.

Ainsi, pendant tout le temps de notre contact discret, les gorilles ont continué à vivre paisiblement en famille sur leur montagne qu'il faut mériter, mais que nous allions quitter à regret.

Nous sommes rentrés brisés, fourbus mais ravis de cette première et émouvante expérience.

1963

Les Pygmées Babingas

A Bangui, chez mon ami Georges, peintre naturaliste, je fais la connaissance d'un « grand chasseur blanc » qui part pour quelques jours en forêt, chasser une antilope rarissime : le bongo.

Cet homme d'affaires très occupé, aussi à l'aise aux commandes d'un avion qu'au volant d'un 4 x 4, m'invite à l'accompagner.

Comme il s'agit d'une véritable expédition, j'accepte avec enthousiasme malgré le côté cynégétique qui me gêne un peu…

Cela devrait nous conduire dans la région de la Lobaye, fleuve du territoire du bongo convoité et des Pygmées Babingas dont beaucoup n'avaient probablement jamais rencontré de blanc.

Le « patron » embauchera au passage deux solides bûcherons, pour éventuellement dégager la piste.

A M'Baïki, dans la pittoresque boutique d'un aventurier européen, nous complèterons notre ravitaillement et sur son conseil, nous prévoirons du tabac et du sel pour les pisteurs Pygmées.

Puis, très rapidement nous serons absorbés par la forêt vierge des arbres géants et des lianes entrelacées qui montent vers la lumière.

Alertés par le bruit du camion, quelques petits hommes presque nus guettaient notre passage et disparaissaient aussitôt.

Serions-nous arrivés au pays des Babingas ?

Nous avons commencé à rencontrer quelques grands noirs, dans le village desquels notre chef d'expédition avait prévu de séjourner et où une grande case de passage nous attendait.

Energiquement balayé dans un nuage de poussière avec un balai sans manche, mon logement étant prêt, je pouvais m'installer.

Ni porte, ni fenêtre, seulement un lit de camp et une moustiquaire.

Sans oublier devant l'entrée, une grande bassine d'eau fraîche qui devait être ma salle de bain, à partager avec les chiens et les volailles.

Sympathique, non ?

Soirée Babinga

Après le bref crépuscule, la nuit est vite arrivée, une réserve de bois avait été entassée et le feu rechargé, assis sur une cantine, je regardais les flammes.

Et, silencieusement les petits hommes sont sortis de l'ombre.

Pour une soirée Babinga, les Pygmées étaient là, peut-être une quinzaine, hommes, femmes et enfants, très intimidés, embarrassés, et qui semblaient dépendre des grands noirs, qui en l'honneur des blancs, leur avaient demandé de venir chanter et danser.

Les hommes et les garçons étaient pudiquement ceinturés d'un pagne et les femmes avaient renouvelé leur garde robe… une cordelette autour de la taille et seulement un petit paquet de feuilles vertes devant et derrière…

Quelques bébés et enfants très jeunes étaient nus.

Danseurs et danseuses ont bientôt formé un large cercle autour du foyer et les uns derrière les autres, les mains sur les hanches de celui ou de celle qui était devant, la ronde s'est de plus en plus animée, au rythme des pieds nus martelant le sol et d'un long tam tam chevauché par deux tambourineurs dos à dos.

Notre soirée Babinga devait être une réussite totale.

Ne connaissant pas les usages, je n'ai pas osé applaudir, mais nous avons chaleureusement félicité et remercié les Pygmées qui ont beaucoup apprécié le tabac et le sel.

Le calme est revenu, le village s'est enfin assoupi, un coq a chanté, un chien a aboyé à la lune, et une brise à peine rafraîchissante a effleuré les cases.

Mon voisin a peut-être rêvé de bongo et moi de Babinga ?

Au lever du jour, les Pygmées étaient toujours là, deux bébés tétaient leurs mères, où avaient-ils passé la nuit ?

Un canard barbotait dans ma bassine...

Le chasseur blanc préparait ses munitions, bongo, attention !

La Lobaye

Aussi discrètement qu'ils semblaient en avoir l'habitude, les Pygmées sont rentrés chez eux.

Sauf deux, les pisteurs qui devaient nous guider à travers l'oppressante forêt, sur les traces du farouche bongo.

Pendant près d'une heure, nous avons marché avant d'arriver au fleuve.

Les arbres, dont on ne voyait pas la cime, étaient stabilisés par de hauts contreforts en étoile entre lesquels nous aurions pu camper.

Les Pygmées marchaient vite, derrière eux, nous sentions l'odeur de leur sueur.

Enfin, ils se sont arrêtés, nous allions pouvoir souffler un peu...

Les traqueurs, toujours aussi peu bavards, ont échangé quelques mots avant de sortir d'un petit sac en cuir porté en bandoulière, des cigarettes, de l'étoupe qui ressemblait à de l'amadou et quelques éclats de silex.

Ils n'avaient que faire d'allumettes !

Quelques étincelles, un point rouge sur lequel il suffisait de souffler doucement, allumer la cigarette, étouffer le feu et ranger précieusement les accessoires comme le faisaient sans doute les hommes de la préhistoire.

Nous avons également ce jour-là compris comment les Pygmées allaient résoudre le problème de la soif.

Ils ont choisi une boucle de liane à la hauteur du visage, ont réalisé en un instant un gobelet avec une feuille enroulée et ont coupé la liane.

La sève de la plante grimpante, fraîche et légèrement acidulée, était très agréable et désaltérante.

Une longue pirogue, taillée dans un tronc d'arbre était dissimulée dans les hautes herbes au bord de la rivière, mais pas de rames…

Qu'à cela ne tienne ! Il y avait un palmier sur lequel l'un des Pygmées a grimpé pour couper deux longues feuilles, rapidement élaguées et transformées en pagaies.

La pirogue était un peu chargée et la navigation m'a semblé assez scabreuse pour traverser la Lobaye.

Après avoir prudemment débarqué, les pisteurs n'ont pas tardé à nous montrer les empreintes toutes fraîches d'un bongo, les chasseurs étaient arrivés.

Personnellement, j'ai préféré rester seul au bord de l'eau pour mieux profiter de la nature.

Un martin-pêcheur géant est passé au ras de l'eau, un martin-pêcheur à tête grise s'est posé sur la pointe de la pirogue… j'étais bien.

J'ai entendu passer sans les voir quelques perroquets gris.

Et, j'ai entendu claquer un coup de carabine, un seul, le bongo devait être mort !

Peu de temps après, les chasseurs sont revenus, bredouilles… Le coup était dangereusement parti tout seul…

Dans ce cas là, il vaut mieux être derrière le chasseur qui trébuche.

Le bongo n'avait pas attendu.

Les Pygmées ont bu l'eau de la rivière. Etaient-ils déçus ?

Et nous avons retraversé la Lobaye, sans faire naufrage…

La pirogue a retrouvé sa cachette et nous avons repris la piste.

Les Pygmées se sont seulement arrêtés pour préparer deux longs bâtons de bois vert, desquels ils ont laissé dépasser un large ruban d'écorce souple.

Et après avoir choisi un couloir forestier dégagé, les pisteurs ont commencé à fouetter l'air vigoureusement.

Cela faisait vou vou vou, vou vou vou, comme paraît-il les ailes des calaos qui volent entre les arbres.

Le fusil était chargé mais les calaos ne sont pas venus, ce n'était pas le jour !

Enfin, des singes, des cercopithèques à nez blanc allaient peut-être permettre de sauver l'honneur ?

Cela ne m'arrangeait qu'à moitié !

Le chasseur de singes règle la lunette de son arme et, je me bouche courageusement les oreilles !

Les singes nous observent, plus curieux qu'inquiets.

Un premier coup de feu déclenche une bruyante panique dans les branches.

Un gros mâle blessé se cramponne sans pouvoir fuir, le second tir semble l'avoir foudroyé, mais après une chute de plusieurs mètres, il s'accroche de toutes ses dernières forces et ne tombera pas.

Les Pygmées examinent la situation. Il leur est tout à fait impossible de grimper sur cet arbre sans aucune branche basse mais ils vont bien trouver le moyen de sauver leur dîner.

L'arbre le plus proche, énorme, est entouré d'un enchevêtrement de lianes qui semble convenir au plus jeune des pisteurs.

Et, le Pygmée a commencé à grimper en serrant les lianes avec ses gros orteils écartés.

C'était étonnant, il progressait régulièrement, calmement, reprenant son souffle et montait…

C'est ainsi qu'il est arrivé à la hauteur du singe mort mais sur l'arbre d'en face.

Et, le petit homme, primate comme vous et moi a continué à monter plus haut que le gibier et il s'est arrêté.

Les lianes réunissaient les cimes et notre Babinga arboricole, occasionnellement funambule a traversé lentement sur un véritable pont de lianes.

Puis, il a décroché le singe qui est tombé près de nous et, toujours aussi calmement, il est redescendu.

Après quoi, il s'est accroupi près du singe mort et silencieusement, il a fumé une cigarette.

Sur la sueur de son dos étaient collés des petits morceaux de feuilles.

Puis, avec son couteau, le Pygmée a fait une boutonnière entre la peau et les vertèbres du bout de la longue queue du singe, juste pour y passer la tête du cercopithèque.

Ainsi, le gibier pouvait être transporté comme un panier.

Au village des grands noirs, les Pygmées attendaient peut-être la viande du bongo ?

Mais, ce matin-là, le bongo n'était pas au rendez-vous.

Devant ma case, la bassine était remplie d'eau propre et le feu crépitait.

Un singe, c'est toujours mieux que rien et, voici à quel repas je devais assister.

Le singe toujours porté de la même façon a été longuement tourné et retourné au dessus des flammes.

Ensuite, gratté au couteau mais nullement rôti, le gibier presque cru a été dépecé, partagé et mangé avec appétit… dans une ambiance de poils grillés où petits et grands semblaient se régaler.

Le Pygmée grimpeur se réserva la tête, les chiens croquaient les os.

Les viscères nettoyés dans ma bassine… semblaient réservés au dessert !

Le soir, par précaution, j'ai rentré ma réserve d'eau dans la case.

Avant le lever du jour, un coq a chanté, il fallait déjà penser au retour vers Bangui.

Mais un Pygmée auprès duquel je me trouvais grand… m'attendait, il venait me chercher.

Et, c'est ainsi que certainement pour la première fois, un blanc serait l'invité des Babingas.

Nous avons pris un petit sentier, large comme les deux pieds d'un Babinga, un Babinga qui marchait si vite que j'avais beaucoup de mal à le suivre.

Au bout d'une demi-heure de ce train d'enfer, mon guide était plus frais que moi.

Très malin, il avait quand même pris le temps de cacher au pied d'un arbre quelques petits présents, qu'il n'avait peut-être pas l'intention de partager avec les copains.

Dans une petite clairière, trois huttes rondes couvertes de larges feuilles, des peaux pour s'asseoir près du feu, un chien et trois poules mais pas de Babinga.

Il n'y avait qu'à attendre.

Je me suis assis sur une peau d'antilope de forêt, j'ai remué les braises et rajouté un morceau d'écorce dans le feu.

Le chien s'est couché près de moi.

Je me sentais observé.

Le Babinga n'avait l'air ni surpris, ni inquiet, il a simplement sifflé.

Les Pygmées ont répondu, ils étaient cachés entre les hautes racines tentaculaires des arbres.

Puis, avec beaucoup d'hésitation, ils sont venus s'asseoir près de nous.

C'était un tout petit groupe familial composé de deux hommes, de deux femmes et d'un enfant. Il ne m'était pas possible de savoir si le Pygmée qui était venu me chercher en faisait partie.

Ma présence semblait beaucoup les intimider, mais ils se sont mis à bavarder. L'aîné qui portait une petite barbe grisonnante a allumé une curieuse pipe qui ressemblait à une cannelle de barrique.

Les hommes avaient chacun une hachette rudimentaire, faite d'une simple lame très aiguisée solidement enchâssée à l'un des bouts d'une sorte de marteau de bois.

Heureusement, qu'avant de quitter avec regret ces hommes des bois d'un autre âge, j'ai pu en réaliser quelques précieux documents photographiques.

Car, c'était en 1963 et si, dans l'histoire du monde et de l'homme, c'était hier, nous pouvons penser que depuis, les choses et les gens ont dû beaucoup changer.

Arthur, Joseph et les Masaïs

Arthur, kényan kikuyu, était fier d'avoir été Mau-mau et participé à la lutte pour l'indépendance de son pays.

Il devait être, à l'occasion de plusieurs safaris, mon chauffeur interprète en Afrique orientale.

Avec Arthur, nous sommes allés partout, ou presque !

Les gamins des villages avaient tant entendu parler de la guerre, qu'ils pouvaient encore crier ou jeter des pierres au passage de la voiture des blancs, mais Arthur était là…

A Amboseli, il connaissait Joseph, un ranger de l'ancienne école britannique, Masaï en uniforme d'influence coloniale !

A cette époque, il y avait encore peu de touristes, les Masaïs étaient méfiants, je souhaitais les rencontrer.

Pour cela, je ne pouvais compter que sur Arthur et surtout sur Joseph.

Quand un fier guerrier Masaï fait du stop…

A Namanga, frontière de la Tanzanie, Arthur remplissait quelques formalités, avant de prendre la piste pour aller à Amboseli.

En attendant, j'observais discrètement les Masaïs, les Masaïs m'observaient un peu moins discrètement…

Un guerrier s'est approché du 4 X 4.

Ses longs cheveux teintés d'ocre, ses boucles d'oreilles de cuivre, ses colliers et bracelets et sa haute taille de coureur de brousse lui donnaient fière allure…

Sa toge rouge était son seul vêtement, des sandales de cuir de buffle, le coutelas dans son fourreau, la longue lance Masaï et sa matraque m'impressionnaient.

Je n'avais jamais vu d'aussi près un guerrier Masaï, je le devinais arrogant.

Il m'a dit quelques mots que je n'ai pas compris et s'est appuyé à ma portière.

Nous avons essayé quelques mots d'anglais et j'ai cru comprendre qu'il souhaitait que nous l'emmenions à Ol Tukai où il avait son village et sa famille…

Je descends de voiture. Au bureau, les formalités continuent…

Le Masaï remarque que je détaille sa panoplie, en particulier sa matraque en bois d'olivier.

Cela lui donne une idée, il me permet d'examiner la matraque, la reprend et la glisse dans sa ceinture…

Nous sommes d'accord, si je prends le Masaï en stop à Ol Tukai il me donnera sa matraque…

Arthur arrive enfin et stupéfait découvre le Masaï installé pour quatre-vingts kilomètres à l'arrière de la voiture, tenant sa lance de guerre et de chasse au lion bien droite qui dépasse du toit !

J'ai bien cru que notre noir Kikuyu devenait gris d'indignation et après avoir démarré dans un nuage de poussière il n'a pas décoléré jusqu'à Amboseli.

Nous avons connu un rallye record et l'état de la route défoncée a permis à Arthur de passer ses nerfs et sa mauvaise humeur.

Il a prétendu que ça sentait la vache, qu'il n'y avait jamais eu autant de mouches, évidemment Masaïs dans « sa voiture ».

Notre chauffeur acrobate a eu beau prendre des risques et malmener ses passagers, nous nous sommes cramponnés et surpris nous sommes arrivés seulement un peu cabossés… à destination…

Arthur s'est alors livré avec un foulard à une rageuse chasse aux dernières « mouches Masaïs » tout à fait inefficace !

Au débarquement poussiéreux, le Masaï très digne est descendu souplement, il a sorti la précieuse matraque de sa ceinture et me l'a offerte.

Il m'a salué, puis sans un regard pour le plus sauvage des « drivers », il s'est enfoncé dans la brousse où l'attendait son peuple, le peuple des fiers guerriers Masaïs qui affrontent le lion à la lance.

Le baptême

C'est au pied du Kilimandjaro, dans la réserve d'Amboseli qu'en compagnie d'Arthur mon chauffeur kikuyu et de Joseph le ranger Masaï, que je devais pour la première fois être invité dans un village Masaï, c'était en 1965.

A une certaine distance d'un village, nous arrêtions la voiture et nous laissions Joseph aller seul saluer ses amis ou des membres de sa famille.

Nous attendions Joseph qui ne s'attardait pas et nous faisait comprendre de loin, que nous ne pouvions pas le rejoindre.

Il faisait chaud, le soleil brûlait, plusieurs fois ce fut un non catégorique.

Enfin, Joseph nous faisant de grands signes nous attendait.

Quelle fournaise dans cette savane où l'ombre est rare ! Le village d'une dizaine de cases était entouré d'un rempart d'épineux.

Dans la cour centrale où le bétail est enfermé la nuit, j'évite de justesse quelques bouses de vache desquelles s'envolent des essaims de grosses mouches... Vaches, chèvres, moutons et ânes étaient au pâturage, gardés par les Masaïs et les petits bergers.

Comme nous sommes un événement, de jeunes enfants, des femmes et quelques aînés curieux sortent de leurs étranges demeures.

Des cases qui ressemblent à de grands paniers à l'envers, maçonnées de mortier de bouse séchée sur une charpente de branches entrelacées.

Je suis conscient de la chance que j'ai d'être là car Joseph me confirme qu'aucun blanc n'est venu dans ce village d'un autre temps et d'un autre monde.

Je serre poliment quelques mains hésitantes, les gamins effleurent timidement mes doigts et se sauvent en riant.

Plaf ! Il fallait bien que cela m'arrive, ma première bouse de bœuf Masaï, cette fois, ça y est, c'est le baptême !

Arthur regarde mon pied et s'inquiète pour sa voiture...

Une « mama » m'invite dans sa maison. J'ai beau ne pas être grand je suis obligé de baisser la tête à l'entrée d'un petit couloir qui tourne, ainsi la lumière et les mouches restent dehors.

Dans la pénombre, j'évite quelques jambes de Masaïs assis par terre ou sur de petits tabourets. Le foyer bordé de pierres est au milieu de la case, je renverse une casserole…

Mes yeux s'habituent, dans une alcôve il y a une large couchette surélevée recouverte de peaux sur le bord de laquelle Joseph me conseille de prendre place.

Joseph m'explique que c'est dans une case comme celle-ci qu'il est né et a grandi avant d'aller à l'école des Anglais.

Maintenant, Joseph est en uniforme de garde et de ses oreilles de « morane » il ne lui reste que le lobe distendu, enroulé sur lui-même comme un escargot sorti de sa coquille.

Je commence à manquer d'air et à sentir la fumée, nous sortons…

Dehors le soleil m'éblouit, je boirais bien un verre d'eau !

Joseph a peut-être dit que le blanc avait soif ?

Une Masaï toute ridée me présente avec précaution, un grand bol bien rempli et me fait signe de boire.

Et c'est avec beaucoup de plaisir que je découvre la délicieuse bière Masaï, légèrement acidulée et sucrée avec le miel des abeilles sauvages.

En connaisseur mes compagnons m'aident à finir la calebasse, en attendant le deuxième service…

Mais est-ce le soleil ou la bière Masaï ?

Oui, cela doit être le soleil…

Voilà que d'un seul coup, j'ai l'impression de quitter mes nouveaux amis en marchant de travers !

Ce qui semble beaucoup amuser Arthur et Joseph… que je trouve un peu ironiques et même anormalement euphoriques !

Après cette première expérience et ce baptême mémorable au pays des Masaïs, je suis retourné souvent dans cette belle réserve d'Amboseli.

Sur les pistes de la brousse, comme sur la piste de la vie, je n'ai plus rencontré ni Arthur ni Joseph mais Simba ne devait pas les oublier.

Kenya 1966

Odinga

Comment, par « prudence politique », un éléphant avait dû changer de nom…

Dans la belle et unique réserve d'Amboseli, au pied du Kilimandjaro, nous espérions toujours rencontrer Odinga.

Odinga, le géant, le solitaire, l'éléphant mascotte des Masaïs.

Immense et sage, il était respecté de tous et de toute la brousse, les Masaïs le vénéraient.

Imposant mais délicat, Odinga pouvait traverser notre campement sans effleurer une seule corde de la tente, nous aurions aimé le connaître mieux.

C'était peut-être au cours d'une bousculade éléphantesque, ou en déracinant un acacia, qu'il avait cassé l'extrémité de sa défense droite ?

Ses longues pointes qui devaient sans doute être dangereusement convoitées par les braconniers.

Un jour où près du château d'eau, Odinga cueillait de tendres feuillages, arrive un minibus de touristes joyeux et bruyants.

Le véhicule s'arrête, une inconsciente élégante en descend, vérifie son coup de peigne et se croyant au cirque, prend la pose pour la photo souvenir, à côté de l'éléphant ... (qui était certainement là pour cela !).

Odinga surpris, gronde !

Le chauffeur klaxonne, tout le monde crie, la vedette paniquée se jette contre l'un des piliers du réservoir et tombe... avec un bras cassé.

Indifférent, Odinga qui s'était éloigné, écorçait une branche.

Avec mon ami Karl, nous avons fait le nécessaire, l'imprudente a été soignée avant d'être rapatriée d'urgence à Nairobi.

Mais, c'était la première fois que j'entendais Karl gronder plus fort qu'un éléphant !

Nous avons repris la longue et poussiéreuse piste de quatre-vingts kilomètres, retrouvé la pittoresque et folklorique animation Masaï de Namanga, avant de repasser la frontière de la Tanzanie.

Nous nous dirigions vers le ranch tanzanien de Karl, véritable Arche de Noé.

Karl et son équipe étaient allés récemment en Ouganda où avaient eu lieu de terribles contrôles des populations d'éléphants.

Les éléphants indésirables près des villages et dans les cultures, dérangés lors de leurs déplacements saisonniers par les routes et qui désertifiaient la brousse.

Ils compromettaient même, l'avenir des rarissimes girafes de Baringo, en faisant disparaître leurs acacias nourriciers, au profit de l'herbe à buffles.

Bref, il y avait trop d'éléphants et un programme de gestion de la nature préconisait l'abattage d'un certain nombre de pachydermes.

Dans un groupe, mâles, femelles, futures mères et jeunes de tous âges étaient condamnés !

Pas de survivant, tout ce qui était utilisable serait récupéré : la viande, l'ivoire et les peaux.

Exceptionnellement quelques éléphanteaux, ni trop jeunes ni trop grands, pouvaient être difficilement et dangereusement épargnés.

Au ranch, j'allais en voir trois et peut-être en adopter un ?

Le portail était ouvert et trois jeunes éléphantes mangeaient de la luzerne fraîchement coupée, elles devaient avoir moins de deux ans.

Elles me semblaient en bonne état et avoir bon appétit.

Elles étaient seulement méfiantes et un peu timides.

Cependant, l'une d'elle se laissait plus facilement approcher, elle n'acceptait aucune friandise, mais seulement quelques brins de luzerne, à condition que je les lâche juste au moment où elle les prenait avec sa trompe.

Une gratouille appréciée derrière l'oreille légèrement écartée et mon choix était fait, elle s'appellera Odinga.

En Europe, c'était l'hiver, Odinga n'arrivera en France qu'au printemps.

Karl avait noté que sur la lourde caisse de transport, je souhaitais qu'il soit écrit en grand : Odinga et que d'ici là, le personnel du ranch utiliserait dès à présent ce nom africain qui était celui du patriarche d'Amboseli.

Je ne m'étais pas préoccupé de l'origine de ce nom qu'il m'était agréable de prononcer mais…

Le temps a passé, l'hiver a passé, et le moment est arrivé de préparer l'expédition de Odinga.

Aux dernières nouvelles, la jeune éléphante grandissait, elle connaissait bien son nom et son bon caractère se confirmait. Elle arriverait comme prévu aux beaux jours, ce qui faciliterait son acclimatation.

De notre côté, tout était près pour accueillir Odinga, quand je reçois un dernier message urgent de Karl qui avait un problème…

Il était tout à fait impossible d'écrire Odinga sur la caisse…

Et j'apprends que Odinga était un personnage politique de l'opposition et que le président venait de priver de liberté son plus gênant adversaire ! Comment aurais-je pu le savoir ?

Ma réponse à Karl sera simple : Dinga ok.

Dinga est arrivée, le temps a passé, devenue adulte elle était la vedette d'une grande famille animale.

Et si dans l'intimité, il m'arrivait de l'appeler affectueusement « ma puce » dans le creux de l'oreille (mais c'était notre secret) je lui chuchotais un « Odinga » plein de nostalgie et d'amour.

Au pied du Kilimandjaro, je ne devais plus jamais revoir Odinga, le grand éléphant d'Amboseli, mascotte des Masaïs, notre ami, qui avait été lâchement braconné en bordure de la réserve.

Les grands porteurs

C'est inévitablement avec nostalgie que nous, les anciens, qui courrons la brousse depuis tant d'années, nous pouvons parler de la belle époque où régnaient « les grands porteurs ».

L'époque où les éléphants géants, certains de véritables vedettes, arrivaient parfois à vieillir…

Un jour, nous avons rencontré dans le Tsavo, à droite de la route de Mombasa, deux grands mâles indifférents à la proximité bruyante et dangereuse de la piste des hommes.

L'un d'eux avait des défenses si longues et si lourdes, que sans baisser la tête il s'appuyait sur ses pointes posées sur le sol.

En plus des quatre piliers de ses membres, ses défenses ajoutaient à ses quelques cinq tonnes, deux appuis supplémentaires.

Ce grand mâle exceptionnel semblait dormir debout.

Son compagnon était presque aussi monumental.

A cette époque, nous pouvions admirer de grands éléphants avec des pointes de plus de deux mètres qui, au Kenya et au Tanganyka, en dehors des réserves pouvaient être chassés légalement.

C'était peut-être la fin de la belle époque et du règne des grands porteurs d'ivoire.

Dans les réserves et les parcs nationaux nous connaissons encore de superbes spécimens qui, hélas, n'y sont pas complètement à l'abri du braconnage !

Car, le trafic de l'ivoire, comme celui de la corne des rhinocéros dureront aussi longtemps qu'il y aura des éléphants et des rhinocéros pour satisfaire la demande…

Saviez-vous que la plus longue défense connue mesure trois mètres quarante cinq et que la plus lourde paire atteint le poids incroyable de deux cent trente quatre kilos !

Les éléphants rouges de Tsavo

A Tsavo Est, nous allions vers les chutes de la rivière, là où les remous ont si merveilleusement sculpté la roche.

Dans cette région sauvage où les crocodiles, (est-ce à cause de la qualité de l'eau ou de la pureté de la lumière ?), sont plus verts qu'ailleurs.

Là aussi, où les poissons-ventouses s'accrochent pour résister à la violence des cascades.

Là, enfin, dans cette région éloignée trop isolée où sévit le braconnage et où souvent les rangers sont en danger.

Un matin, nous avons dû laisser le passage à une troupe d'éléphants, une véritable armée en marche de pachydermes.

Ils arrivaient de la droite, traversaient la piste et continuaient vers la gauche.

Une muraille vivante d'éléphants ocre, dans un nuage de poussière de latérite.

D'où arrivaient-ils, où se dirigeaient-ils ?

Cela ressemblait à une migration, fuyaient-ils ?

Leur colonne s'étirait sur près d'un kilomètre. Combien pouvaient-ils être ?

Ils sont passés, les derniers retardataires ont traversé notre piste et longtemps le nuage de poussière rouge les a accompagnés.

La copine de Simba

Le petit déjeuner était prêt dans la grande salle panoramique du lodge de Tsavo Est.

C'était aussi le moment où les grands buffles noirs arrivaient en se bousculant au point d'eau.

Les « petits canards », comme Simba appelle affectueusement ses invités en safari, étaient déjà équipés de leurs jumelles.

Avez-vous vu Simba ? Habituellement toujours le premier et impatient de reprendre la piste.

Certains vont à l'accueil.

– Yambo (bonjour), avez-vous vu Simba ?

– Simba ? Oui, il est parti au lever du jour avec son ami masaï.

Et, moins fort : Il avait rendez-vous avec sa « copine »…

De retour à huit heures, Simba était prêt à repartir avec le pique-nique jusqu'à la tumultueuse rivière Galana.

Tout le monde est là, rien oublié ? Simba, d'excellente humeur compte ses petits canards 1, 2, 3…

Des petits canards curieux et quand même intrigués.

Une copine ? Sacré Simba !

Safari matinal
La copine de Simba

Nos deux complices qui étaient partis sur la pointe des pieds avaient mystérieusement disparu dans la brousse.

Ils avaient en passant salué les gardes du corps chargés de la protection d'Héléna, la copine de Simba.

Héléna, discrètement surveillée, était paraît-il dans son bain, avant de se poudrer de poussière rouge, certainement du plus bel effet pour une vedette de cette taille…

Simba a appelé très fort plusieurs fois : Hé lé na, Hé lé na !

La réponse est arrivée de derrière les buissons comme un grondement d'orage lointain et du pas souple de ses quatre tonnes, Héléna est arrivée, n'avait-elle pas rendez-vous avec son ami Simba ?

Après un grand moment d'émotion, de caresses, de gratouilles et de confidences dans la poussière rouge, Simba commençait à changer de couleur… ce qui le mettait en harmonie totale avec la terre et les éléphants rouges du Tsavo.

Demain, c'est promis, Simba présentera sa copine Héléna à ses petits canards, debout à six heures !

Ahmed, le géant de Marsabit

Si j'avais eu le temps et le privilège de rencontrer 0dinga, le grand éléphant d'Amboseli, je n'ai jamais eu la chance de parcourir dans le Nord du Kenya la réserve de Marsabit, où vivait et vieillissait Ahmed, un autre respectable patriarche.

A la fin de sa longue histoire, aussi longue que ses défenses, les responsables et les gardes de la réserve de Marsabit surveillaient de près leur vénérable protégé.

Les molaires du vieil éléphant, ses sixièmes molaires qui avaient tant broyé de branches, d'épines et d'écorce, devaient être passablement usées.

Cela obligeait Ahmed à rechercher dans le marais des végétaux plus tendres, moins nutritifs, en quantité énorme pour survivre tout en perdant des forces.

Chaque jour, à leur quartier général, les rangers notaient les dernières nouvelles du vieux géant solitaire.

Un matin, dans sa brousse, Ahmed n'était pas au rendez-vous…

Une forteresse du patrimoine de l'Afrique s'était discrètement écroulée.

C'est le vol des charognards qui guida la patrouille des gardes en terrain difficile.

Ahmed semblait encore plus grand que jamais.

Le Muséum de Nairobi et l'une des plus célèbres équipes de taxidermie de l'époque avaient décidé depuis longtemps de conserver au mieux le souvenir d'Ahmed.

Les documents du grand éléphant vivant allaient être précieux pour les taxidermistes et les sculpteurs, et le moment était venu d'y ajouter des mensurations précises et des moulages complémentaires.

Les naturalistes avaient renoncé à utiliser l'immense peau du pachyderme et le squelette démonté devait être transporté pièce par pièce.

Pendant de longs mois, deux ateliers du Muséum de Nairobi allaient connaître une grande activité, moulage et squelette, la reconstitution devait être extrêmement fidèle.

Dans la cour du Muséum, le résultat est saisissant, Ahmed grandeur nature est debout, superbe et impressionnant de réalisme.

Les scientifiques, les taxidermistes et les artistes ont fait, grâce à leur expérience et leur talent, un travail remarquable.

Dans la salle de zoologie du Musée est exposé le squelette sur lequel on peut même observer qu'à une époque ancienne, Ahmed avait dû souffrir d'une côte cassée qui s'était parfaitement consolidée.

Le grand Ahmed de Marsabit restera un souvenir et un témoignage de la vie sauvage de l'Afrique.

Le bout de la piste de Tembo : l'éléphant

Nous avions dépassé Isiolo dans le Nord du Kenya, une fois de plus nous roulions vers Samburu où dans la fournaise de la fin de matinée, nous étions impatients d'atteindre la fraîcheur relative de la rivière aux crocodiles.

Parmi la faune riche de cette région brûlée de soleil, nous allions retrouver de nombreuses espèces rares que l'on ne rencontre nulle part ailleurs aussi facilement, telles que la plus gracieuse de toutes les gazelles, la gazelle-girafe, le timide dik-dik, l'oryx masqué aux longues cornes droites, la superbe girafe réticulée et le plus rayé des zèbres, le zèbre de Grévy et tant d'autres.

Déjà les traces de nombreux éléphants, une famille d'autruches de Somalie, un couple de serpentaires et de merveilleuses pintades bleues, les pintades vulturines, Samburu se présentait bien, quand au milieu des épineux, à gauche de la piste nous découvrons un grand, un très grand éléphant mort… Depuis longtemps, sans même un charognard !

Du géant aux longues défenses, il ne reste qu'une grande carcasse décharnée, un grand squelette pas encore disloqué et la peau sèche et dure collée sur les os.

Nous qui avions rendez-vous avec des éléphants, des familles d'éléphants, des troupeaux d'éléphants, nous étions témoins du bout de la piste de Tembo.

Nous allions repartir, quand, à travers les palmiers « doum » nous apercevons un éléphant qui se rapproche.

Chut ! Ne bougeons plus, attendons.

Lentement, très lentement le grand solitaire est arrivé, presque silencieusement sur ses larges semelles compressibles.

En pinçant l'extrémité de sa trompe, il fait entendre un faible appel plaintif.

Et, de cette trompe extraordinaire qui peut être si délicate, il va longuement flairer le grand corps qui s'affaisse.

Tembo retrouve-t-il l'odeur familière de celui qui avait peut-être été son compagnon pendant de longues années ?

Personne ne bouge, personne ne parle, nous sommes avec le vieux Tembo triste…

On s'en va ?

Mais le comportement de l'émouvant solitaire change.

Que cherche-t-il dans l'herbe dont la semence provient sans doute de l'ultime digestion du colossal herbivore ?

De la trompe le vieil éléphant ramasse des poignées de sable et de gravillons et semble vouloir en recouvrir la dépouille.

Sur le cuir sec, tendu comme une peau de tambour, on entend le bruit des petits cailloux qui s'égrènent.

Et Ignace, mon fidèle compagnon, de conclure : Tu vois Simba, Tembo veut enterrer son ami.

Merci Ignace, Merci Tembo, on y va !

Kenya 1966

Le baptême de Kifaru

Au début de l'après-midi, il faisait chaud près de Nairobi, j'avais rendez-vous avec Karl, célèbre broussard et trappeur.

Dans son ranch, il devait faire la sieste.

Sur la pelouse, un discret arrosage rafraîchissait les fleurs multicolores.

Sortant d'un massif ombragé, la chienne qui m'avait reconnu, est venue m'accueillir et quémander une caresse.

Et c'est alors, que j'ai vu arriver derrière elle, le plus inattendu et drôle des bébés rhinocéros.

Trottinant et curieux, il venait aux nouvelles.

Après un bain de boue latéritique, il était d'une belle couleur rouge brique qu'il m'a fait partager en sc frottant vigoureusement contre mes jambes !

Comme il semblait apprécier les gratouilles et, afin d'être à sa hauteur, me voilà à quatre pattes dans l'herbe, à rigoler avec mon nouveau copain.

Sur le perron de sa case, pas tout à fait réveillé, Karl devait bien s'amuser…

Plus tard, c'est dans la fraîcheur relative de sa pittoresque demeure, que mon hôte devait me raconter ou plutôt me conter l'histoire d'un « orphelin de la brousse ».

Il s'agissait au départ, d'une aventure mouvementée et dangereuse, comme l'était la vie quotidienne de Karl, ancien chasseur professionnel, devenu trappeur.

Ce jour-là, l'objectif était de taille, il s'agissait, ni plus, ni moins, que de capturer une grande femelle rhinocéros, en danger dans son secteur d'intense braconnage.

Ce qui n'était pas une petite affaire !

L'opération avait été minutieusement préparée.

Les solides gaillards de l'équipe étaient rôdés à ce genre de sport mouvementé !

La bagarre était assurée !

Ce genre de chasse est une folle et dangereuse course-poursuite, avec d'increvables véhicules tout terrain cabossés.

Des voitures qui bondissent et plongent dans la boue, comme dans des tourbillons aveuglants de poussière.

Au volant, un conducteur acrobate, les hommes se cramponnent, le « grand chasseur blanc » joue de la perche et du lasso.

Une fois, deux fois, dix fois, la large boucle effleure pour rien les naseaux dilatés ou les cornes, avant de cravater le précieux kifaru, qu'il ne faut surtout pas abîmer !

Cette fois, l'un des plus convoités mammifères africains sera pris.

Ce n'était que le début d'une rude bagarre.

Encerclée, encordée, la bête affolée, enragée, use ses dernières forces en attaquant la puante bête d'acier qui la retient prisonnière.

Les hommes crient, l'odeur de leur sueur se mêle à celle du pachyderme qui s'essouffle.

Epuisée, la grosse, la trop grosse femelle qui allait être mère, s'écroule… le drame !

Vite, détachez-la, il faut qu'elle se relève !

Elle ne se relèvera pas !

La trousse, la trousse de secours, dans le camion !

De son pis gonflé coulent quelques gouttes de lait mais le ventre bouge !

On y va !

Ce serait la plus extraordinaire césarienne !

Les scalpels attaquent le cuir, puis les chairs.

Le petit ! Est-il encore un tout petit peu vivant ou pas tout à fait mort ? N'est-il pas trop tard ?

Ce n'est pas le moment de poser des questions ! Il faut le sortir, le bouchonner, le masser.

Mais c'est surtout l'énergique bouche-à-bouche improvisé qui, de justesse le sauvera.

Ouf ! Le cœur repart, il était temps, le miraculé revient de loin !

Tout le monde a eu chaud, mais rien n'est encore gagné, le retour s'organise.

Dans le convoi, il y aura une lourde caisse vide…

Au milieu de la plaine, il ne restera qu'une aire de brousse écrasée et un grand cadavre éventré au-dessus duquel planent déjà les vautours.

Les hyènes et les chacals affamés ne tarderont pas à sortir des hautes herbes, pour participer à la curée des charognards.

Trop loin, le ranch est à quelques heures, la piste sera dure, défoncée, avec des trous larges comme des nids d'autruches.

Fourbus, les hommes fument en silence.

A quoi pensent-ils ?

Ballotté, dans une chaude couverture de bivouac,

« un souffle de vie s'accroche ».

A toutes ces épreuves, le petit Kifaru survivra !

Il lui faudra beaucoup, beaucoup de grands biberons pour qu'il devienne le plus fort rhino de toute l'Afrique !

Et quelques mois plus tard, c'est bien avec lui qu'un naturaliste de passage, jouait sur une pelouse, au milieu des fleurs près de Nairobi.

Mais, l'émouvant récit serait-il déjà terminé ?

Karl n'aurait-il plus rien à ajouter ?

Le voilà bien silencieux, peut-être est-il plongé dans ses souvenirs… et Simba dans ses rêves ?

C'est le lointain rugissement d'un grand lion qui leur remettra les brodequins sur la piste.

Non, Karl, ne m'avait pas oublié, il devait suivre son idée…

S'adressant à moi, il a simplement suggéré :

A vous maintenant, Simba, de trouver un parrain et de donner un nom à notre rescapé.

Simba a reçu le message, il ne s'est pas fait prier. Avec fierté, il a accepté d'être le parrain du plus inattendu et drôle des bébés rhinocéros.

Et, c'est en souvenir de sa périlleuse naissance qu'il a appelé son nouveau filleul « César ».

Kenya

La mascotte de Keekorok

De Mara-Sopa à Keekorok, notre matinée avait été parfaitement réussie mais après quelques heures de piste, de poussière, de découvertes et d'émotions, nous étions impatients de nous dégourdir les jambes et de nous laver les mains.

Les messieurs d'un côté, les dames de l'autre, quand chez les dames il se passe quelque chose : des cris, des rires et une porte qui s'ouvre pour laisser passer une grassouillette phacochère qui sort tranquillement, avant d'aller prendre sa douche sous l'arrosage de la pelouse.

Après quoi, rafraîchie et se déplaçant sur les genoux, la croupe en l'air et le chasse-mouches frétillant, la mascotte de Keekorok se régale d'herbe tendre.

Plus tard, nous devions apprendre que ce sympathique « phaco d'accueil » très couleur locale, appréciait particulièrement les gratouilles au point de s'écrouler les yeux à l'envers…ce que nous n'avons pas tardé à vérifier !

Amboseli 1965

Daktari

Au retour d'une patrouille, les rangers ramenèrent à leur quartier général de Ol Tukai, à côté de nos paillotes de safari, un jeune gnou orphelin.

Les lions venaient de tuer sa mère qui allait boire au lac des Kibokos, les hippopotames.

Dans l'effroyable poussière de la saison sèche, le petit gnou sans doute âgé de quelques heures, avait été bousculé et provisoirement épargné.

Quand les gardes sont arrivés, les lions reprenaient leur souffle, avant d'entamer leur proie.

Le « chief warden », le patron anglais alerté attendait, il avait l'habitude de ce genre de situation et en avait vu d'autres.

Il avait en effet tout à fait le physique, les moustaches et le long short de ses fonctions.

Moi, je n'étais qu'un naturaliste témoin de passage et tout à fait anonyme.

Mais inquiet, en voyant préparer une cuvette d'eau bouillie et du coton qui devait servir pour nettoyer la poussière des yeux de l'orphelin, je me suis permis de proposer mes services… J'avais peut-être aussi la tête de l'emploi ?

Dans ma trousse de secours, j'avais une grosse seringue, que j'ai longuement utilisée pour laver et rincer doucement à l'eau tiède, les yeux déjà irrités du petit gnou solidement maintenu.

Le lendemain sur la pelouse, à l'ombre des acacias géants, un « toto » qui revenait de loin semblait apprécier son biberon et le personnel masaï du camp me saluait : yambo Daktari (bonjour docteur).

Le dernier safari

Boniface et moi nous avions pris souvent la piste ensemble. Mais avant que la lumière de ses yeux sombres ne s'éteigne, mon frère a la peau d'ébène a simplement dit : Simba, mon ami, adieu. Et il s'en est allé sans moi sur une autre piste.

SIMBA

Mais où est donc Simba ?
Simba ?
Plus tout à fait ici,
Plus tout à fait là-bas.
Seul son vieux cœur, si souvent infidèle,
Restera près de sa lointaine maîtresse,
La brousse africaine.

TANZANIE

Retour à Tarangire

J'ai retrouvé les tentes de mon campement préféré, les baobabs géants, la rivière Tarangire qui serpente dans la vallée et la faune riche et variée de cette belle réserve.

Babouins et singes verts dormaient sur les arbres, au-dessus d'autres primates qui préfèraient l'illusoire sécurité de leur moustiquaire...

Cette nuit, un grand éléphant m'a laissé sa carte de visite, aussitôt investie par d'énormes bousiers... Au loin, les lions ont rugi plusieurs fois.

Un francolin à gorge rouge au chant grinçant s'est envolé du vieil acacia.

Sur la termitière, c'était l'heure du bain de soleil pour une famille nombreuse de mangoustes naines.

Les écureuils et les lézards sortaient de leurs cachettes.

Sur la pointe des pieds, quelques cobes, impalas, et diks-diks traversaient discrètement le camp de toile qui commençait à s'éveiller.

Et comme à un signal, de partout les oiseaux se sont mis à chanter, alors j'ai fermé les yeux pour mieux les écouter.

Souvenir de Zanzibar

Lever du jour

J'ai suivi les arabesques du vol des martinets des palmes.

Les nuages sculptaient le ciel au dessus de l'océan.

De la main j'ai salué les pécheurs qui partaient.

D'un sourire j'ai salué les pécheurs qui rentraient.

Mon cœur s'est gonflé, mes yeux se sont brouillés.

J'étais bien.

Une chasse photographique hivernale

En deux jours seulement, ce qui est exceptionnel dans notre région, les lacs et les étangs étaient gelés.

Cela me rappelait dans les moindres détails, mon premier retour d'Afrique centrale en janvier 1963 alors que les hivers étaient beaucoup plus rigoureux que maintenant.

Le dernier film de mon reportage n'étant pas terminé, j'envisageais sans tarder de profiter du passage des oies sauvages, avant le développement des pellicules de l'expédition.

En homme de terrain, sportif et peu frileux, j'allais quand même prendre quelques précautions vestimentaires.

Aussi, c'est confortablement emmitouflé que le presque africain de la veille traverse en barque la rivière, puis rampe comme un chasseur de canards vers les oies qui dans la prairie enneigée, récoltent les derniers brins d'herbe.

La lente approche, prudente comme celle d'un renard, amène le naturaliste la goutte au nez au bord d'un ruisseau complètement pris par la glace.

De très vieux frênes, taillés en têtards, appelés touesses et souvent creux allaient favoriser l'affût.

Mais, la troupe bavarde avait autre chose à faire qu'à s'intéresser à une nouvelle espèce de ragondin.

La glace, éprouvée de la botte, semblait résister au poids du photographe accroupi derrière sa touesse centenaire.

Le télé braqué comme une arme pacifique, clic clac, clic clac…

C'est alors que l'oie sentinelle la plus proche, repère l'œil du téléobjectif qui la regarde, tend le cou et alerte le groupe qui s'envole bruyamment.

Quel spectacle magnifique ! Le photographe qui n'a plus à se cacher se lève, l'objectif accompagne les oies, clic clac, clic crac !

Et crac à travers la glace jusqu'à la taille, le télé sauvé de justesse à bout de bras…

Le retour fut un peu frisquet !…

GUYANE

Les gendarmes et la mygale

Non loin de Rémire, deux gendarmes semblaient avoir un comportement étrange.

A quatre pattes sur la route, le képi à la main, ils se livraient à une drôle de chasse !

Dans notre cas, quand on conduit un véhicule fatigué, qui n'a plus tout à fait sa place dans la circulation, ce n'est pas le moment de se faire remarquer.

Mais, comme il faut bien rendre service et qu'il est souvent utile d'avoir des relations, nous garons discrètement sur l'herbe notre pièce de musée.

Bonjour messieurs, vous avez besoin d'un coup de main ?

Nous sommes des naturalistes en mission.

Vous avez trouvé là une belle mygale, heureusement que vous ne l'avez pas écrasée.

Vous vouliez l'attraper ? Laissez-nous faire, chacun son métier, passez-moi le képi.

Et toc, du premier coup la mygale est coiffée.

Ce qui nous vaut l'admiration et les compliments de la maréchaussée.

Et maintenant, qu'est-ce qu'on fait ?

Vous n'auriez pas messieurs les gendarmes, une grande enveloppe genre pochette ?

Si, bien sûr, dans la voiture, tout de suite.

C'est vrai que côté papiers, ils semblent s'y connaître mieux qu'en araignées !

C'est parfait, on y va. L'enveloppe entrebâillée est contre le couvre-chef.

Le képi tapoté est délicatement soulevé, très délicatement.

De vrais « bracos » d'araignées, à se demander si ce n'est pas la première fois ?

Attention, elle arrive, méfiante, prête à la marche arrière…

Une patte, deux pattes, huit pattes velues déménagent.

Et retoc, c'est terminé, mission accomplie. L'enveloppe fermée est collée d'un coup de langue.

On y va, au revoir messieurs, bonne journée.

Merci messieurs les naturalistes et bonne expédition en Amazonie.

Ouf, c'est fou ce qu'il fait chaud en Guyane !

GUYANE

Déluge dans la jungle

Et si nous prenions nos hamacs ce soir pour aller passer la nuit à l'anse de Sinnamary ?

Pourquoi pas ? C'est une excellente idée, nous rentrerons demain matin après avoir filmé le lever du jour.

Avec un bon casse-croûte jambon beurre et de l'eau, c'est d'accord, d'autant plus que le ciel est dégagé et qu'il ne devrait pas pleuvoir…

Nous avions bien quelques soucis avec notre voiture tout terrain mais, comme à l'aide de fils de fer nous venions d'en consolider le plancher qui commençait à faire des étincelles sur la route, nous devrions partir tranquilles ou presque…

Notre exotique logeuse commençait à s'habituer aux étonnantes initiatives de ses curieux pensionnaires, mais cette fois et allez donc savoir pourquoi, elle bougonnait d'inquiétude.

Nous avions tout notre temps pour nous installer dans le décor sévère que laissent les tempêtes tropicales.

Les arbres déracinés, éclatés, enchevêtrés, sans aucune présence humaine, seulement les empreintes d'une loutre géante.

Il faisait lourd, de gros nuages commençaient à moutonner le ciel.

Nous accrochons nos hamacs puis tendons soigneusement la toile de tente et la moustiquaire.

Mon dîner, enveloppé dans un journal, calé dans la fourche d'une branche, reste à portée de main.

Mon coéquipier bivouaque un peu plus loin, plus près de la mer et moi prudent, plus près de la voiture…

Avec le déferlement des vagues qui semblent s'acharner sur ce qui reste de la forêt, nous avons de plus en plus de mal à communiquer.

Le ciel se noircit, la nuit tombe brusquement déchirée par les éclairs, le grondement du tonnerre se mêle à celui de l'océan, c'est le déluge !

D'une main de chaque côté, je retiens mon toit précaire et l'eau en profite pour me couler le long des bras…

Si ça continue, je ne vais pas tarder à me retrouver assis dans l'eau.

Mes chaussures nagent, la bouteille est renversée mais je sauve la lampe.

Une lumière se rapproche sous un hamac bouchonné, c'est le gars Jean qui de justesse a échappé à la baignade, mais pas aux guêpes qu'il avait dérangées.

En passant il prend de mes nouvelles, qui sont assez fraîches et humides !

Il me précède dans la voiture bourdonnante de moustiques.

Le casse-croûte sous le bras, je le rejoins sans tarder, mais le précieux jambon beurre transformé en sandwich aux fourmis est immédiatement expédié dans la nature, me laissant le cuisant souvenir du reste de la colonie accroché par les mandibules.

Alors que la tempête continue à faire rage, nous envisageons de retourner en pleine nuit sous la pluie torrentielle à Sinnamary.

Nous roulons dans l'eau, heureusement que les éclairs nous montrent à temps les pièges de la piste défoncée, plus efficacement que les phares qui comme les essuie-glaces ne fonctionnent qu'une fois sur deux…

En passant par la cour, nous retrouvons notre chambre et d'autres virulents moustiques qui n'attendent que leur petit déjeuner.

Enfin, nous voilà au sec ! L'un boursouflé par les piqûres de guêpes, l'autre guère mieux avec les brûlures des fourmis, sans oublier de rageuses claques anti-moustiques !

Après une nuit aussi piquante que mouvementée et avant que les ronfleurs ne s'éveillent, bercés par la pluie qui tambourine sur la toiture de tôles, nous étions repartis.

Au lever du jour, à l'anse de Sinnamary, un soleil éblouissant semblait à l'horizon sortir des profondeurs de la mer.

1972

Expédition aux Galápagos
Sur les traces de Charles Darwin

Les Galápagos du célèbre naturaliste, l'évolution et les tortues géantes, c'était à la fois un pèlerinage, une aventure et une expérience scientifique.

Après avoir eu le privilège d'y effectuer plusieurs séjours, je vais en résumer quelques épisodes.

A mille kilomètres à l'ouest des côtes équatoriennes, se trouve un groupe d'îles et d'îlots d'origine volcanique : les Galápagos (tortues en espagnol).

Cet archipel du bout du monde a dû jaillir des profondeurs sous marines il y a quelques cinq millions d'années, le temps pour toutes les formes de vie venues d'ailleurs de disparaître ou d'évoluer pour coloniser ce milieu hostile.

FUNDACION CHARLES DARWIN PARA LAS ISLAS GALAPAGOS
(Asociacion internacional con objecto cientifico)
Creada bajo los auspicios de la UNESCO

CHARLES DARWIN FOUNDATION FOR THE GALAPAGOS ISLES
(International association with scientific purpose)
Founded under the auspices of the UNESCO

FONDATION CHARLES DARWIN POUR LES GALAPAGOS
(Association internationale à but scientifique)
Créée sous les auspices de l'UNESCO

Banque de Bruxelles
Cte A-00-402.067

Junta ejecutiva - Executive committee - Conseil exécutif

Presidente de honor - Honorary President - Président d'honneur :
Sir Julian HUXLEY (London)

Presidente - President - Président :
Jean DORST (Paris)

Vicepresidente - Vice-president - Vice-président :
Luis JARAMILLO (Paris - Quito)

Secretarios - Secretaries - Secrétaires :
Thomas E. BARLOW (Tring, Herts)
J. Laurens BARNARD (Washington)

Miembros - Members - Membres :
Jean-G. BAER (Neuchâtel)
Cristóbal BONIFAZ JIJON (Quito)
François BOURLIERE (Paris)
Harold J. COOLIDGE (Washington)
Kai CURRY-LINDAHL (Stockholm)
Irenäus EIBL-EIBESFELDT (Seewiesen)
Jean-Paul HARROY (Bruxelles)
Dillon RIPLEY (New Haven)
Peter SCOTT (Slimbridge)

BRUXELLES 1, le ....
« Palais des Académies »,
1, RUE DUCALE

Monsieur Jacques BOUILLAULT, qui prend en France une part très active à la diffusion parmi le grand public des connaissances relatives aux animaux et à la défense de la nature, se propose de se rendre aux îles Galapagos afin d'y observer les animaux et de photographier ceux-ci assisté d'un de ses collaborateurs Monsieur Jean MARTIN.

Je prie les autorités responsables d'examiner avec bienveillance ses demandes et de favoriser son expédition dans toute la mesure du possible.

Paris, le 8 décembre 1971

Et, dans ce laboratoire qui fut infernal, une nouvelle végétation et de nouvelles espèces animales ne se trouvant nulle part ailleurs, allaient devenir la faune et la flore endémiques des Galápagos.

De Guayaquil, après avoir été minutieusement pesés comme nos encombrants bagages, nous avons d'abord survolé l'océan Pacifique, puis notre avion à hélices a curieusement klaxonné, avant de se poser impeccablement sur l'ancienne piste militaire de l'île de Baltra.

Un vieux bus qu'il fallait pousser au démarrage nous a conduits jusqu'au port où nous attendait un bateau de pêche, aussi folklorique que son capitaine…

Quelques pélicans assistaient à notre embarquement, notre expédition aux Galápagos se présentait bien.

Les tortues géantes

Les touristes, toujours pressés, seront assurés de voir à la station Darwin de l'Ile de Santa Cruz, des tortues terrestres de plusieurs îles et de plusieurs sous-espèces.

Des spécimens énormes, souvent devenus très rares et un centre d'élevage qui se bat contre les rats et travaille au sauvetage et à la réintroduction de ces fossiles vivants.

Grâce aux précieux conseils du professeur André Brosset du Muséum, l'un des pionniers des Galápagos et de l'appui total du professeur Jean Dorst, directeur du Muséum, nous avions toutes les autorisations d'accès, d'études et de tournage dans l'archipel.

Cela nous a permis d'être très amicalement reçus par les chercheurs et d'avoir la clef de la « casetta » sur le territoire réservé des tortues géantes.

L’expédition

Au petit village de pêcheurs de Santa Cruz, notre rudimentaire quartier général était au « colon insular ».

De là, nous devions organiser complètement notre expédition chez les tortues.

Il nous fallait un guide, deux chevaux et deux ânes pour notre matériel et le ravitaillement.

La casetta nous attendait, nous n’en connaissions que la clef !

Le guide marchait devant ses ânes, Jean, mon coéquipier chevauchait un petit cheval sellé à l’espagnol.

Quant à moi, je fermais la marche sur une monture somnolente qu’il était inutile de talonner.

Arrivés sur les hauteurs à la végétation de plus en plus luxuriante, nous sommes passés près d’une ferme.

Le guide est allé saluer ses amis, les ânes et les chevaux en ont profité pour brouter l'herbe tendre.

Notre ravitaillement s'est trouvé complété de deux œufs frais et de deux papayes.

J'ai gobé mon œuf puis nous sommes repartis.

La casetta

Nous marchions depuis plusieurs heures, mon cheval les yeux mi-clos se laissait distancer.

Et, entre mes jambes, il s'est tranquillement affaissé pour dormir !

Je n'avais plus qu'à enjamber la selle et m'adosser contre mon défaillant moyen de transport.

Juste le temps d'un moment de repos réparateur, avant de rejoindre au petit trot l'expédition tortues.

Dans une petite clairière, sans aucun voisin, nous arrivions « chez nous » pour quelques jours.

A un mètre du sol, le chalet sur pilotis était bien sympathique, le mobilier était sommaire, deux lits de camp et quelques gamelles nous suffisaient largement.

A droite des quelques marches, une incroyable carapace sans écailles avait été appuyée verticalement, nous allions pouvoir la mesurer.

Dehors, quelques pierres noircies et une grille rouillée allaient nous permettre de faire la cuisine.

Un fût sous la gouttière du toit de tôles serait notre réserve d'eau.

Avant que notre guide ne reparte avec les chevaux et les ânes, nous avions essayé de nous mettre d'accord sur le jour et l'heure où il reviendrait nous récupérer pour redescendre au village.

Nous avons rangé nos affaires et allumé le feu pour faire chauffer la soupe, qui aurait peut-être le goût des fourmis tombées dans la citerne.

Les mousses et les lichens s'accrochaient aux arbres, au loin on entendait le bruit de la mer. Un gobe-mouche vermillon, rouge et noir nous a rendu visite.

Autour de la case, les traces de tortues étaient nombreuses.

Et si nous étions venus voir des tortues, il nous suffirait de suivre les passages, parfois larges comme une brouette, dans la végétation aplatie par les énormes reptiles.

Nous les trouvions aussi dans les petites mares peu profondes ou dans les bourbiers.

Le matin, l'herbe était trempée de rosée.

C'est sans doute la raison pour laquelle nous ne devions rencontrer que des adultes car les jeunes devaient éclore plus bas, dans des secteurs plus chauds et plus secs.

Autour de la « casetta », de très grands mâles semblaient sédentaires, l'arrière de leur carapace était encroûté de lichens, certains devaient être plus que centenaires.

Ils étaient assez farouches, rentraient la tête en soufflant et bloquaient leurs pattes antérieures, écailleuses, serrées pour se protéger.

Les carapaces mesurées dans le sens de la longueur dépassaient parfois un mètre.

Nous avons très difficilement retourné sur le dos un spécimen exceptionnel, afin de bien l'examiner et de noter d'autres impressionnantes mensurations.

Ne les appelle-t-on pas également tortues éléphantines à cause de leurs énormes pieds ? Sur notre île, il s'agissait de la sous-espèce de Santa Cruz.

Nous nous inquiétions à juste titre de l'avenir des tortues des Galápagos, dont, sur d'autres îles peut-être plus accessibles, plusieurs sous-espèces s'étaient raréfiées ou avaient déjà disparu.

Les causes :

L'homme, la marine à voile et les animaux introduits.

Nous pensions que le grand malheur des tortues remontait au temps de la marine à voile et de la découverte par l'homme des îles Galápagos et, hélas d'un gibier trop facile, les tortues, leur viande et leur graisse.

Au cours d'escales de ravitaillement, les équipages empilaient les tortues vivantes dans les cales sombres, froides et humides où elles s'engourdissaient.

Plus tard, dans les livres de bord, on pouvait lire qu'au bout de huit mois, les tortues incroyablement résistantes n'avaient pratiquement pas perdu de poids.

Elles n'étaient sacrifiées qu'au fur et à mesure des besoins.

Les bateaux à l'ancre dans les baies abritées repartaient en laissant en souvenir… le rat prolifique et intelligent.

Il est toujours là, très amateur d'œufs et de bébés tortues !

Volontairement ou accidentellement, l'homme a introduit sur les îles vierges, le chien, le porc et la chèvre retournés à l'état sauvage, nouveaux et redoutables prédateurs ou concurrents d'une faune sans défense.

Sur les îles où le sol le permettait, les fermiers ont commencé à défricher avec vaches, ânes et chevaux.

Et même, rien n'était plus facile que de protéger les poulets, en éliminant à coups de bâton la buse des Galápagos, qui n'avait pas eu le temps d'apprendre à avoir peur de l'homme.

La faune des Galápagos était en danger.

Nous en étions conscients et, cela nous empêchait de dormir.

Le hibou des Galápagos

Non loin de notre clairière, alors que je recherchais toutes formes de vie animale entre les buissons, le vol souple et silencieux d'un hibou m'a presque effleuré.

C'était un adulte qui rentrait de la chasse et rapportait un oiseau.

Il s'est posé à deux pas de moi, où je n'aurais sans doute jamais trouvé son nid, sans le bruyant accueil de trois poussins affamés.

De taille sensiblement différente, les jeunes rapaces étaient encore en duvet.

A mon approche, le hibou a doublé de volume en écartant ses ailes, en gonflant son plumage, en soufflant et en claquant du bec, il protégeait sa nichée.

Ses magnifiques yeux jaune semblaient encore plus grands.

Pour mieux voir les poussins qu'il cachait, de la main, j'ai délicatement et prudemment écarté le bel et courageux rapace.

Il ne s'est même pas envolé.

Ce hibou avait donc chassé en plein jour, comme l'aurait fait chez nous le hibou des marais, avec lequel je ne trouvais aucune différence.

A l'autre bout du monde, venions-nous de rencontrer le hibou des Galápagos ou le même que chez nous ?

Une fois de plus, la journée avait été riche et passionnante mais hélas, nous nous apprêtions à passer notre dernière nuit à la casetta avec les tortues géantes.

La casetta

Comme il faisait nuit tôt et que nous devions économiser nos lampes électriques, nous avions rapidement et frugalement dîné d'un potage aux fourmis, de quelques biscottes et de nos dernières bananes.

Notre matériel d'explorateurs était prêt pour le retour prévu le lendemain matin.

En attendant, nous envisagions de prendre un peu de repos.

Mais le moment n'était-il pas propice, de faire le bilan d'une expédition qui devait tant marquer notre vie de naturaliste ?

Sans lumière, d'une couchette à l'autre, nous avions commencé à en discuter, à revivre dans les moindres détails nos découvertes ou nos plus intenses moments d'émotions.

Nous en avions oublié l'heure, la fatigue et le sommeil.

Et, c'est ainsi, que notre dernière nuit à la casetta des tortues géantes nous a semblé trop courte, quand le jour s'est levé !

Au début de la matinée, notre guide était à l'heure.

Alors, à cheval et que l'aventure continue !

Le cratère de Daphné

Sur la carte, ce n'est qu'un point, un îlot, un rocher de lave, un volcan hostile sans vie, à part un couple de mouettes à queue d'aronde, le vol rapide au ras des vagues d'un paille-en-queue et peut-être quelques fous à pieds bleus ou des fous masqués ?

Un seul surplomb rocheux avait permis à des photographes de nous y précéder, alors pourquoi pas nous ?

Le capitaine trouvait la manœuvre délicate et dangereuse.

Le bateau s'approcherait le plus près possible très prudemment de l'étroite plate-forme sur laquelle, en attendant le moment favorable, nous tenterions de débarquer…

Malgré le pied pas très marin, avec pas mal de chance, les inconscients naturalistes devaient réussir : rien de cassé, rien de perdu.

En moins d’une heure, malgré l’effroyable chaleur et l’escalade épuisante, nous étions sur le bord du cratère.

Au large, notre bateau nous semblait d’un seul coup, aussi petit qu’un jouet, nous avons commencé à descendre…

Sur la pente, nous avons trouvé deux nids de paille-en-queue, cet oiseau marin de la grosseur d’une mouette qui tient son nom des deux longues plumes médianes de sa queue.

Le premier nid était dans un terrier, l’autre plus accessible abritait un jeune presque emplumé.

Quand enfin, nous sommes arrivés sur l’aire circulaire désertique de sable et de poussière volcanique où se reproduisaient les fous, nous avions l’impression d’être sur une autre planète.

Nous n’étions pas les seuls à souffrir dans la fournaise !

Le bec entrouvert et la gorge haletante, les oiseaux indifférents nous regardaient passer.

Comme il n’y avait pas de matériaux disponibles, il n’y avait pas de nids, l’emplacement sur le sable était symboliquement délimité par des os.

Les fous souvent debout, leurs longues ailes légèrement écartées et croisées sur la pointe de la queue, tentaient de protéger du soleil leurs deux œufs blancs ou de jeunes poussins.

Des oiseaux morts et secs retourneraient bientôt à la poussière, en ne laissant que quelques os pour accueillir d'autres vies aussi difficiles…

Nous avons photographié et filmé la vie et la mort des fous à pieds bleus du cratère de Daphné.

Nous étions impressionnés et songeurs. Plus tard, nous saurions mieux parler de la sélection naturelle.

Mais chargés comme des mulets, il nous fallait remonter…

Et, c'est avec soulagement que nous avons apprécié l'air du large, au moment où le bateau qui levait l'ancre s'apprêtait à venir nous chercher.

Quelques raies mantas, larges de plusieurs mètres, se livraient à de spectaculaires pirouettes de chasse, passant de leur dos sombre à leur ventre blanc.

Mais il était temps de retourner à bord, la mer était houleuse et notre périlleux rembarquement risquait d'être un peu plus mouvementé.

Nous n'avons pas fait naufrage, mais nous avions eu chaud et soif !

Et nous aurions bien aimé boire autre chose que l'eau tiède et saumâtre du tonneau.

En notre absence, la pêche avait été bonne. Ce soir au menu, il y aura du poisson et nous dormirons à la belle étoile !

La familiarité des espèces endémiques

Près du village de pêcheurs de Santa Cruz, je marchais sur le chemin de corail.

Tout à coup, toc, quelque chose vient de se poser sur mon chapeau.

J'ai pensé que c'était l'un de ces gros criquets qui s'envolait devant moi.

Non, mon invité n'était pas un insecte, mais tout simplement l'un des pinsons de Darwin des Galápagos.

Au lever du jour, il pleuvait légèrement, on appelle cela la « garoua ». Sur le rectangle de toile de tente qui m'abritait, un visiteur matinal trottinait sur une nouvelle espèce d'otarie.

Pas tout à fait réveillé, j'ouvre seulement un œil et je découvre mon visiteur, un oiseau moqueur effronté, qui me regardait en penchant la tête d'un côté puis de l'autre avec beaucoup de curiosité !

Quand les moqueurs s'invitent au petit déjeuner :

Des bananes, à table !

Et, de piocher du bec et, de se régaler en se chamaillant.

En un instant, d'une belle banane bien mûre, il ne restait que la peau.

Il faisait particulièrement chaud, j'avais posé près de moi ma gourde de cuir qui perdait quelques précieuses gouttes d'eau, que les oiseaux moqueurs gobaient avant qu'elles ne tombent.

En dévissant un peu plus le bouchon, j'ai fait ce jour-là quelques heureux emplumés et de bien belles images de l'oiseau moqueur des Galápagos.

La buse des Galápagos

Je filmais sans la déranger, une buse des Galápagos si confiante, que nous aurions pu la toucher.

Je me suis juste absenté le temps de changer de film à l'abri du soleil, j'avais seulement démonté la caméra et laissé en place le trépied encombrant.

Quand je suis revenu, le rapace avait pris la place de la caméra et commençait à bricoler.

A la main, j'ai filmé une buse des Galápagos sur un nouveau perchoir.

Mon coéquipier photographiait une tortue terrestre d'une sous-espèce devenue rare.

Le document serait important et il aurait souhaité être tranquille pour faire sa mise au point.

C'était sans compter avec une tourterelle, qu'il avait depuis un moment sur les talons ou plus exactement sur un talon. Un talon de chaussure usé dans les laves et dont le trou faisait apparaître un fascinant talon de naturaliste, abusivement becqueté, allez donc savoir pourquoi par une délicieuse petite tourterelle !

Mais cet incident récréatif devait me permettre de voir de près l'unique et tellement familière tourterelle terrestre des Galápagos.

Quelques hérons

Dans le village de Santa Cruz, nous avons observé un héron gris, plus grand que notre héron cendré.

Au milieu des cases, des barques, des ânes, des chiens, des poules et des enfants, il était chez lui.

Dans la journée, toutes les portes étant ouvertes, nous l'avons vu, comme il semblait en avoir l'habitude, entrer dans une maison…

Il est vrai que dans la cuisine, la « mamma » préparait une appétissante friture !

Le héron des laves

Plus grand que le blongios mais plus petit que le butor dont il a la silhouette, le héron des laves est plus coloré avec des reflets verts sur le dos et les yeux orange.

A marée basse, nous découvrions toute une faune d'invertébrés fort intéressants.

Il nous arrivait de retourner des pierres, qu'ensuite nous remettions soigneusement à leur place.

Un héron des laves, duquel nous facilitions la pêche, nous accompagnait.

Le héron à aigrette jaune

Dans un décor d'arches et de ponts, je marchais avec précaution sur des plaques de lave particulièrement friables.

J'ai failli buter sur un petit héron qui devait chasser les crabes.

Dans un réflexe rapide de prédateur un peu braconnier, j'ai empoigné vigoureusement l'échassier aussi surpris que moi…

Je n'avais encore jamais rencontré cette espèce que je venais de capturer sans l'avoir prémédité et qui protestait à peine.

De taille, de tête et de huppe, il ressemblait à un bihoreau et ses grands yeux orangés étaient peut-être ceux d'un crépusculaire ?

Je l'ai reposé doucement au milieu des crabes rouges.

Il ne s'est même pas sauvé, occupé à remettre de l'ordre dans son plumage.

L'île de Hood ou Espanola

Pendant nos séjours aux Galápagos, nous avons utilisé des bateaux très différents.

Le grand confort devait être pour nous le « Beagle », nom du navire de Charles Darwin, mais il était rarement disponible.

Puis, une traversée mouvementée sur un thonier dans la tempête.

Nous gardions un bon souvenir du « Christo Ré » et de son équipage. Cette fois, nous naviguions sur le « San Pédro ».

Mais ce petit bateau de pêche était tellement inconfortable, que nous évitions de dormir à bord !

La panga, une petite barque manœuvrée à la godille, nous permettait de descendre à terre.

Une fois de plus, à la tombée de la nuit, nous débarquons pour nous installer du côté abrité de l'île de Hood, le secteur habituel des otaries.

Les otaries n'étaient pas là, mais leur passage très fréquenté était parfumé d'effluves sauvages.

Nous montons jusqu'à l'endroit dégagé où les « lions de mer » se regroupent pour dormir.

Ce n'était pas l'heure pour nous, de nous poser des questions sur l'emploi du temps des otaries.

Alors, avec le clair de lune et le bruit de la mer, il était temps d'aller au lit (si l'on peut dire), il fera jour demain…

Il m'a semblé que la nuit avait été particulièrement bruyante, je crois même que j'avais rêvé d'otaries, de plein d'otaries… à moins que…

Le temps d'émerger et de réaliser que nous étions réellement au milieu des otaries, entourés d'otaries, dont je sentais le souffle près de mon visage et une autre qui ronflait, au bout de mes pieds !

Nous ne saurons jamais quand les otaries étaient revenues de la pêche.

C'est ainsi que sans le savoir, nous avions dormi chez les « lions de mer » !

J'ai même cru reconnaître mon ennemi personnel, le gros lobo braillard, qui a une bosse sur le front et qui m'avait plusieurs fois expulsé en hurlant de sa plage privée, où il régnait jalousement au milieu de son harem.

Comme ce n'était certainement pas le moment de se faire remarquer, nous avons discrètement levé le camp, enjambé quelques otaries assoupies et évité de marcher sur les larges palmes de ces admirables pinnipèdes.

Puis nous avons repris la panga et retrouvé le « San Pédro ».

Les deux pêcheurs nous attendaient, ils avaient bien dormi et ne semblaient pas avoir rêvé d'otaries…

Une mauvaise nuit sur une île déserte

Sur l'île de San Salvador, il ne restait que quelques vestiges du passage de l'homme à une période de chasse à la baleine et d'une tentative de fabrique artisanale d'huile de cétacés.

Quelques bâtiments abandonnés, de sinistres chaudrons rouillés mais de l'eau douce et c'est là que nous envisagions de camper.

Dans la baie de James, le « San Pédro » s'endormait paisiblement. Notre environnement ne serait pas particulièrement paradisiaque mais nous comptions beaucoup sur ce repos à terre.

A peine étions-nous installés, que la nuit est arrivée et la sarabande des rats a commencé !

Dans le faisceau de nos torches, nous avons découvert ce qui nous attendait…

Au milieu de la cavalcade des rongeurs, qui avaient parfaitement survécu à la faillite de l'usine, notre sommeil nous semblait assez compromis.

Et, une rageuse et meurtrière battue aux rats, qui n'était pas au programme de nos activités de naturalistes a été immédiatement envisagée.

Le tableau de chasse devait être maigre et, beaucoup de bruit pour rien, alors presque bredouilles, nous ne souhaitions plus qu'une chose : dormir !

Ce qui n'était pas évident, car le calme n'a pas duré longtemps et dès que nous avons éteint nos lampes, le trottinement des rats a repris de plus bel.

Nos couvertures étaient soigneusement bordées mais cela n'empêchait pas les rats de se promener sur nous.

J'ai même senti sur le visage, la chatouille de moustaches exploratrices. Quelle nuit !

Heureusement nous avons eu une visite, celle d'une chouette effraie que notre présence ne semblait pas avoir perturbée.

Elle a soufflé, grincé et chuinté, elle s'est posée plusieurs fois sur le bord d'une lucarne où l'attendait l'une de nos rares victimes, qu'elle a d'ailleurs totalement ignorée. Nous avons pu l'éclairer et admirer une « tyto alba », qui ressemblait exactement à notre effraie européenne. Cette observation intéressante, devait être l'évènement positif d'une nuit difficile avec des rats indésirables, qui n'avaient rien de « galapgoensis ».

Pourquoi l'île de Hood ?

Après avoir visité les principales îles et îlots de l'archipel, c'est vers l'île de Hood ou Espanola que je retournerais toujours avec la même curiosité et le même plaisir.

A Hood, cette île du Sud Est, le débarquement au milieu des otaries y est facile.

De l'autre côté de l'île ce sont des murailles escarpées, déchiquetées et battues par les vagues qui écument…

Dès que l'on monte sur le plateau, les opuntias, hauts cactus aux larges raquettes épineuses et aux fleurs jaunes sont le domaine des gros iguanes terrestres.

Sur la pointe la plus basse où nichent les fous masqués, auxquels en passant dans la colonie, il vaut mieux présenter la semelle que le mollet… gronde comme le tonnerre, avant d'exploser en geyser, la mer qui s'engouffre dans des grottes sous-marines.

Les nombreux iguanes marins sont particulièrement colorés, surtout les mâles qui sont rouges et verts.

Les pinsons de Darwin de plusieurs espèces peuvent y être observés, dans leurs spécialisations alimentaires auxquelles leur bec s'est adapté par l'évolution.

Les oiseaux moqueurs nous accompagnent et le hibou chasse parfois en plein jour. Sur presque toute sa longueur, le plateau n'est qu'un inextricable et rébarbatif enchevêtrement d'épineux.

Puis, plus dégagé, le bord des falaises vertigineuses est l'endroit où l'albatros du Pacifique vient régulièrement nicher chaque année et élever son unique jeune au milieu des buissons. C'est là que nous avons assisté à la parade nuptiale de ces grands oiseaux et à leur envol, quand après avoir couru lourdement, ils se jettent dans le vide et planent si légèrement.

Carnet de voyages

Otaries à fourrure, pélicans, frégates, manchots et cormorans aptères... Si dans les endroits calmes et les plages tranquilles, les otaries des Galápagos très proches de celles de Californie sont nombreuses et familières, les otaries à fourrure longtemps chassées sont plus rares et plus farouches et vivent sur les rochers où la mer est agitée.

Sur la petite île de Génovesa, les mâles frégates, sur des nids précaires installés sur des arbustes, gonflent sous la gorge un étonnant ballon rouge pour séduire une partenaire.

En équilibre instable, l'œuf blanc où le poussin semblait réussir dans des conditions qui nous paraissaient très scabreuses.

Adultes ou jeunes, les frégates sombres aux ailes immenses se laissaient approcher sans manifester la moindre crainte de l'homme.

Quand les pêcheurs équatoriens venaient dans la baie abritée trier le poisson, c'était au milieu du vol de frégates qui profitaient de l'aubaine.

Les frégates nichaient près des fous à pieds rouges, gris et bruns, dont il existe une variété blanche.

Sur la plage, nous avons observé un couple de mouettes, couleur de lave.

A Génovesa, les iguanes marins étaient plus petits que sur les grandes îles et particulièrement noirs.

Les pélicans préféraient près des plages construire leurs nids à un mètre du sol sur la végétation comme des aires de rapaces.

Ils couvaient ou protégeaient du soleil un ou deux petits, la poche épuisette haletante et une goutte au bout de la pointe du bec. Là encore, notre discrète présence au milieu des nids ne les inquiétait même pas.

A l'ouest de la grande île de Isabella, sur l'île de Fernandina, il y a sur les coulées de lave, de véritables grouillements d'iguanes marins aussi sombres que leur environnement.

Et, c'est là que nous avons rencontré un bel exemple d'évolution avec le cormoran aptère.

Ce cormoran, d'aspect assez lourdaud, de la taille d'un gros canard a dû arriver aux Galápagos il y a fort longtemps.

En l'absence de prédateurs, ses ailes se sont atrophiées et le cormoran des Galápagos a cessé de voler puisqu'il n'en avait plus l'obligation.

Il est surprenant de voir un cormoran aptère qui revient de la pêche et sèche ce qui lui reste d'ailes.

J'ai capturé sans mal l'un de ces curieux oiseaux pour bien examiner le résultat de cette évolution, qui devait aboutir à une nouvelle espèce absolument endémique : le cormoran aptère des Galápagos.

Le manchot des Galápagos

Il est assez surprenant de trouver une petite colonie de manchots, juste sous l'équateur…

Le courant de Humboldt froid, venu du sud et l'abondance de poissons, sont probablement à l'origine de la présence de manchots aux Galápagos, où ils sont cependant en petit nombre et très localisés.

A part un sujet peut-être égaré dans le port de Santa Cruz, nous les avons régulièrement observés près du rocher de Bartolomé.

Quelques autres reptiles des Galápagos

En plus des tortues marines, des tortues géantes, des iguanes marins et des iguanes terrestres, il existe de nombreux lézards des laves et une couleuvre.

Les lézards des laves, un peu plus gros que notre lézard des murailles ne sont représentés que par une espèce endémique.

Le serpent des Galápagos est une longue couleuvre mince au ventre brillant comme celui de notre couleuvre coronelle.

Cette couleuvre très rapide nous a semblé chasser les lézards des laves.

Capturé et manipulé, ce serpent des Galápagos ne cherchait pas à mordre.

Épilogue

De toutes mes expéditions, c'est certainement la découverte du monde étrange des Galápagos qui aura le plus marqué ma vie de naturaliste.

Sur les traces de notre illustre prédécesseur Charles Darwin et grâce aux conseils et aux recommandations des professeurs du Muséum, nous avions réussi notre mission.

C'était aussi le début du tourisme… de la mangrove où je filmais des oiseaux, nous sommes discrètement partis sur la pointe des pieds…

Patagonie

Mon ami Guy Dhuit, célèbre photographe animalier et moi-même, nous retrouvions sur le terrain, cette fois, pour filmer la faune étrange de Patagonie.

Et si nous avions rendez-vous avec les baleines et les éléphants de mer, nous n'avions pas prévu d'y rencontrer un tatou !

Sur une longue piste droite et monotone, mon coéquipier conduisait une voiture capricieuse…

Après une journée passionnante, nous retournions vers notre auberge et, en naturaliste attentif, je cherchais la moindre trace de vie sauvage.

Un tatou sur la route, il traverse, fonce !

A moi de sauter et de courir sur les talons de l'animal cuirassé, dont la rapidité n'avait rien de comparable avec la lenteur trottinante d'un hérisson…

Le tatou marathonien plonge sous un buisson où, à coups de pied, je dégage le fouillis végétal.

Du tatou pelleteuse, il ne reste déjà plus que la queue qui s'enfonce, mais que de justesse j'empoigne vigoureusement.

Mon camarade a le temps de filmer, même quand la casquette de travers je suis réapparu avec ma gesticulante capture, la tête en bas.

A la demande du cinéaste, j'ai relâché le tatou qui s'est remis à creuser.

En moins de temps qu'il n'en faut pour l'écrire, l'énergique tatou fouisseur avait profondément disparu.

La terre remuait encore, comme celle d'une grosse taupinière.

Les manchots de Magellan

Par vagues successives, les manchots qui remontaient du Sud, débarquaient à la péninsule Valdès, où ils venaient se reproduire.

Dans cette foule bruyante et agitée, les prises de bec pour un territoire étaient fréquentes et acharnées entre voisins de terriers.

Pour certains, les pontes étaient commencées et les deux adultes, blottis l'un contre l'autre, semblaient couver au fond de trous peu profonds.

Le garde de la réserve estimait à plusieurs millions le nombre de manchots rassemblés.

Quand, fascinés par ce spectacle, nous envisagions de leur rendre visite, nous devions faire attention où nous mettions les pieds…

Un jour, ce fut l'incident, mon camarade chargé de sa caméra venait malencontreusement de marcher au-dessus d'un nid… qui s'était éboulé !

Et, je retrouvais Guy Dhuit, le célèbre chasseur d'images à quatre pattes, en plein sauvetage et qui, désolé, s'excusait auprès des deux manchots ensablés, stoïques et poussiéreux.

Patagonie (suite)

Ce jour-là, la voiture ne pouvant pas aller plus loin, nous n'avions plus qu'à longer la falaise, en direction de « Punta Tombo », sans avoir une idée très précise de la distance, ni des difficultés de terrain.

Sac à dos chargé, l'encombrant pied de caméra en travers par-dessus, nous voilà partis vers une sorte de pointe rocheuse exposée aux tempêtes.

L'océan déchaîné était superbe et effrayant mais nous allions découvrir de nouvelles espèces d'oiseaux, parmi lesquelles des huîtriers entièrement noirs, avec le bec et les pattes rouges.

Récompensés de nos efforts, nous avions l'impression d'être arrivés au bout du monde, là où les visiteurs devaient être rares et certainement un peu fous !

Il y avait aussi une tombe qui gardait peut-être un secret ?

Sur le rectangle de galets, quelques ustensiles de campement rappelaient le passage d'un aventurier anonyme qui n'était pas rentré chez lui…

Et, c'est face au vent glacial, qu'épuisés, nous avions trébuché avant de retrouver notre parking désert.

Au passage, nous avions traversé un ossuaire de baleines, des os brisés, blanchis, usés et polis, rejetés du fond de la baie à chaque colère de la mer.

Des éclats de côtes ressemblaient à des bois fossiles.

Mais, après tant d'épreuves, les baleines enfin protégées, revenaient fidèlement à leur rendez-vous printanier, c'est là seulement que les grandes femelles accompagnées de leurs baleineaux seraient amoureusement courtisées par leurs géants partenaires.

Nous avons eu la chance d'être les témoins privilégiés de ce fabuleux et émouvant spectacle de la vie sauvage, qui à cause de la folie des hommes avait bien failli disparaître…

Les éléphants de mer

C'est en Patagonie, que nous devions découvrir les éléphants de mer.

Si les femelles pèsent modestement moins d'une tonne, leurs seigneurs rugissants déplacent sur le sable ou les galets, plus de trois tonnes de force brutale et de graisse.

On se sent bien fragile, quand on se trouve face à face avec un gigantesque mâle, qui dressant la partie antérieure du corps, gronde en ouvrant sa gueule de fauve géant et gonfle sa trompe.

Dans cette attitude, à l'époque où ils étaient exploités pour leur graisse, les éléphants de mer ne devaient pas être difficiles à foudroyer et l'on peut imaginer les horribles massacres !

Groupées en harem par les mâles dominants, les futures mères venaient mettre bas, peu de temps avant une nouvelle période d'accouplement.

Les reproducteurs parfois blessés dans des combats de colosses présentaient de profondes morsures qui s'ajoutaient aux balafres plus anciennes.

Et, nous pensions que beaucoup de jeunes devaient être écrasés par les monstrueux pachas.

Malgré tant de dangers, les récentes nouvelles des éléphants de mer étaient optimistes et rassurantes.

En principe protégés, les éléphants de mer reconstituaient lentement leur population même si l'on commençait à parler de pollution.

En effet, nous avions trouvé quelques oiseaux mazoutés, manchots, cormorans et même un cygne à cou noir.

Mais, c'était la fin de l'hiver austral et le vent violent n'empêchait pas quelques fleurs timides, butinées par les premiers insectes, d'annoncer le printemps.

Les otaries à crinière de Patagonie

Sur le bord de la falaise, une passerelle rustique surplombait la crique où s'entassaient les lions de mer.

La grève de sable et de graviers sombres se prolongeait par des cavernes sculptées par les tempêtes.

A chaque époque de reproduction, les mâles arrivaient les premiers et s'affrontaient sauvagement pour conquérir un territoire.

Les femelles gestantes débarquaient plus tard, peu avant la mise bas, les orques épaulards étaient au rendez-vous, pour en dévorer quelques-unes.

Et, cela devait être dans la plus brutale confusion, que les mâles tentaient de regrouper les femelles de leurs harems.

Quelques mères allaitaient et les « lobos » n'allaient pas tarder à les convoiter dangereusement pour les nouveaux-nés.

Les goélands remplaçaient les vautours…

Le spectacle était dur, le vent glacial, j'avais froid…

Depuis, sur les côtes namibiennes, j'ai rencontré d'autres grands rassemblements saisonniers d'otaries.

Nous pouvions les approcher de beaucoup plus près, avec en plus les charognards et l'odeur de la mort…

Sur les tristes plages, au lieu de coquillages, nous trouvions des vertèbres…

Et à chaque instant, naissaient d'émouvants « lobitos » dont la moitié sans doute ne survivrait pas !

Ce ne sont pas là mes meilleurs souvenirs.

Patagonie (suite)

Avant de quitter la Patagonie, quelques autres espèces.

Exemples :

La perruche de Patagonie, la chouette des terriers et le guanaco.

Nous n'avons aperçu que quelques perruches de Patagonie au vol rapide, qui par petits groupes passaient en criant.

Plusieurs fois, dans les immenses pâturages à moutons, nous avons vu des petites chouettes grises posées près de l'entrée de leurs terriers.

De la taille et presque de la couleur d'une chevêche mais, avec les pattes plus longues, ces petits rapaces étaient les chouettes terrestres de ces plaines sans arbre.

Les guanacos

Avant de l'avoir vérifié, j'aurais situé géographiquement le guanaco dans la Cordillère des Andes, où ne manquent pas chez les indiens, ses descendants domestiques de plusieurs couleurs, les lamas.

Mais dans les pampas de Patagonie, plates à l'infini et même au bord de l'océan, je découvrais le guanaco roux et fauve, parfois en compagnie d'oiseaux coureurs, petits cousins des autruches, les nandous de Darwin.

J'ai même appris sur place que des îlots peu éloignés de la côte avaient été colonisés par des guanacos qui n'avaient pu y parvenir qu'à la nage.

La Patagonie était décidément un pays aussi étrange que sa faune !

La jungle du tigre du Bengale

Après avoir tant fréquenté les tigres, le moment était venu pour moi d'aller les rencontrer dans la jungle.

Mais, je croyais savoir que les difficultés seraient grandes et que l'environnement dans lequel évoluait le tigre, toujours rare, souvent solitaire et si bien camouflé dans sa robe mimétique, n'aurait rien de comparable avec la brousse africaine.

C'était la saison sèche et froide, avec du soleil dans la journée après de fortes gelées matinales.

Un guide expérimenté conduisait le véhicule découvert, sur lequel nous nous cramponnions assez fraîchement…

Nous nous arrêtions de temps en temps pour écouter les bruits de la forêt, qui pourraient nous laisser espérer l'éventuel présence fantomatique du grand félin.

Des traces fraîches devant nous, un arbre tout récemment griffé et mouillé d'un puissant marquage odorant.

Puis, le coup de trompette d'alarme d'un paon encore perché, la bruyante panique d'une famille de singes langurs et la fuite bondissante d'une harde de cerfs axis, nous confirmaient que nous étions bien sur le territoire du tigre.

Un tigre qui n'était peut-être pas loin et que nous devions vainement attendre…

Un peu déçus, nous étions repartis quand, à quelques kilomètres, un grand tigre, nonchalamment allongé sur la piste, semblait apprécier le soleil.

A notre discrète approche, le magnifique animal ne s'est même pas levé, il a simplement et très largement bâillé avant de s'étirer et de disparaître comme une ombre silencieuse au milieu des bambous.

Depuis, si j'ai rencontré quelques tigres, leurs observations les plus réussies nous les avons réalisées à dos d'éléphant.

En voici quelques exemples :

Une fois, où sur le bord d'un ruisseau, une tigresse et ses deux grands jeunes bien repus sont allés boire longuement avant d'abandonner aux charognards la carcasse d'un veau de buffle.

Ou, cette autre tigresse qui venait de tuer une biche et grognait pour défendre sa proie, ce qui, à quelques mètres, n'impressionnait nullement notre éléphant.

Et, ce grand mâle qui au bord du lac avait involontairement dérangé deux longs crocodiles qui s'étaient empressés de plonger.

Inde

Cornacs et éléphants

Dans certaines familles indiennes, les garçons doivent naître cornacs.

Ils viennent au monde près des éléphants, de l'odeur et des barrissements des éléphants.

Très tôt et sur l'exemple de leurs aînés, ils apprendront tout naturellement à soigner, à manœuvrer les éléphants et à leur parler.

Mais, cet apprentissage sera long et difficile avant de devenir cornac.

Le travail avec les éléphants est une science et un art qui se transmettent de génération en génération, dans le monde très fermé et souvent secret des cornacs.

L'éléphant qui peut ne respecter, n'obéir et ne travailler que sous la ferme autorité de son cornac.

Aussi, quand le vieux cornac arrivera au bout de sa longue piste et, avant qu'il ne rejoigne ses ancêtres, il aura depuis longtemps sagement et minutieusement préparé sa succession auprès des éléphants.

La relève étant assurée, cela devrait permettre à l'un des fils de celui qui s'en va, d'être digne du « maître », en devenant le plus habile, le plus courageux, mais aussi le plus prudent des cornacs, c'est-à-dire le meilleur.

Nous avions rendez-vous pour le départ d'une grande sortie dans la jungle, il nous manquait un éléphant…

Déjà installé sur celui qui m'était réservé, j'envisageais d'aller aux nouvelles.

Au village des cornacs, le plus grand et le plus difficile des éléphants, enchaîné à un arbre, semblait soudainement devenu fou, inapprochable et dangereux.

Par précaution, les femmes et les enfants restaient dans leurs fragiles demeures.

L'apprenti cornac, chargé de nous rejoindre avec l'éléphant, n'arrivait plus à le faire obéir.

Il prenait des risques, et le pachyderme n'était pas prêt de se soumettre.

Le grand éléphant au regard meurtrier était tellement effrayant que je craignais un accident.

Aussi, du haut de mon éléphant qui commençait à devenir nerveux, je me suis lancé dans le plus improvisé et le plus efficace des dialectes, en essayant de convaincre le jeune dresseur de renoncer à affronter son irascible partenaire.

Le plus sage étant certainement de laisser l'éléphant calmer sa colère et son agressivité.

Ce jour-là, mon expérience personnelle des éléphants a peut-être permis d'éviter le pire ?

Mais pour ne pas perturber mes invités, je ne leur ai pas parlé de l'incident dont seul j'avais été témoin.

Nous allions partir en retard, mais cela devrait nous permettre de profiter des moments les plus favorables pour découvrir la faune sauvage.

Et c'est au pas souple, presque silencieux des éléphants, que nous sommes rentrés, accompagnés par la féerie de couleurs du plus somptueux des couchers de soleil.

Le lendemain matin, le grand éléphant était toujours enchaîné à l'arbre, fourbu et vaincu… il somnolait debout…

Le grand, fier et puissant éléphant avait perdu le moral !

Il ne réagissait même plus à la bonne odeur des céréales chaudes enveloppées dans de larges feuilles ficelées, dont ses congénères se régalaient.

Heureusement, je venais d'apprendre que son cornac, terrassé par une méchante grippe, se remettait doucement et ne devrait plus tarder à quitter « sa case ».

Effectivement, quelques jours plus tard, nous devions rencontrer l'éléphant et son cornac qui revenaient de la forêt.

Calme et docile, l'éléphant rapportait fièrement, bien équilibrée sur ses solides défenses, une lourde bûche qu'il maintenait par-dessus avec sa trompe.

Le cornac convalescent, entortillé dans une longue écharpe, dirigeait son éléphant de la voix et de ses pieds nus derrière les oreilles.

Je ne reconnaissais pas « l'autre éléphant », celui que j'avais découvert dans des circonstances presque dramatiques.

En retrouvant son cornac et son compagnon de travail, il avait également retrouvé son maître, son complice et un véritable « moral d'éléphant » !

Les rencontres rares de la faune de l'Inde
Le dhôle

Plus grand que le renard, mais beaucoup moins lourd que le loup, le dhôle est un chien sauvage que je n'ai vu brièvement qu'une seule fois en Inde et, tout à fait par hasard.

En lisière de la forêt, un groupe de ces chiens roux, calmes et curieux, semblaient au repos.

Dans la jungle, ce prédateur chasse en meute, uniquement grâce à son flair particulièrement développé, les cervidés et même parfois le coriace sanglier.

Son organisation sociale me rappelait celle d'un autre chien sauvage très différent, bariolé des couleurs de la brousse africaine, le lycaon.

Le lycaon, qui dans les immenses savanes où il faut courir très vite, ne chasse qu'à vue, mais moins longtemps que le dhôle beaucoup plus résistant dans le milieu forestier.

Depuis, dans la mystérieuse jungle indienne où je l'ai tant cherché, je ne devais plus jamais croiser la piste de cet étonnant chien sauvage, que l'on appelle le dhôle.

Les animaux rares de la faune de l'Inde
Le gavial du Gange

Au moins de janvier, sur le bord du fleuve, les nuits étaient froides.

A dos d'éléphant, nous ressentions le voisinage climatique de l'Himalaya.

Mais après la brume matinale, le soleil nous réchauffait agréablement.

L'eau était pure, fraîche et torrentueuse et, nous imaginions facilement la présence de loutres, mais certainement pas celle de crocodiles.

Et pourtant, en face de nous, c'était bien deux énormes gavials, nullement engourdis, qui, au ras de l'eau et au milieu des rochers, appréciaient eux aussi le soleil.

Nous pensions qu'il s'agissait de deux mâles mesurant certainement plus de quatre mètres.

De la même couleur sombre que le rocher, ils étaient absolument immobiles, les yeux bien ouverts et totalement mimétiques.

Leur longue pincette à poissons, armée aux deux mâchoires d'une centaine de dents acérées, était particulièrement dissuasive.

A l'extrémité de leur étroit museau, les deux petites ouvertures à clapet des narines étaient situées sur le dessus d'une protubérance nasale.

Leurs membres nous semblaient relativement faibles, par rapport à la taille et au poids de ces lourds gavialidés.

Le lendemain, les grands gavials étaient à l'eau, où ils nous paraissaient encore plus grands.

Ils semblaient bloquer l'entrée d'une crique poissonneuse et peu profonde, dans laquelle les deux gavials n'auraient pas pu évoluer facilement.

De leur long harpon barbelé, largement utilisé d'un côté puis de l'autre, ils pêchaient.

Dans ce véritable vivier, où sautaient les poissons piégés, une famille de loutres profitait activement de l'aubaine.

Nous admirions cette surprenante pêche en symbiose, de deux espèces piscivores tellement différentes.

Les gavials et les loutres, sans apparente concurrence, semblaient y trouver leur compte.

Les poissons qui échappaient aux loutres, risquant fort de se jeter dans la gueule des gavials.

Nous étions conscients d'avoir la chance d'observer cette scène rare de la vie sauvage.

Mais, le gavial du Gange qui avait survécu aux dinosaures, ne sera-t-il pas à cause de l'homme l'un des fossiles de demain ?

La faune de l'Inde
Une drôle de loutre

Nous observions un éléphant solitaire, en compagnie d'un martin-pêcheur dans la haute végétation du bord du fleuve.

D'une trompe précise, le grand pachyderme aux longues défenses choisissait soigneusement ses feuillages préférés et près de lui l'oiseau bleu pêchait.

C'est alors qu'au loin, nous avons cru identifier une loutre qui plongeait et remontait régulièrement pour respirer, tout en se rapprochant.

Après une longue apnée, la loutre qui devait avoir les narines sur la tête, a fait surface devant nous en soufflant.

En fait, la pseudo loutre était un dauphin d'eau douce, le dauphin du Gange, le plus primitif et le plus archaïque de la famille, un véritable fossile vivant.

Et, s'il fait toujours partie des baleines et autres mammifères marins, ses ancêtres avaient dû quitter l'océan depuis fort longtemps.

Au cours de sa longue évolution et n'ayant sans plus l'obligation d'y voir clair, l'étrange cétacé avait tout simplement perdu la vue.

Il ne lui en restait que des vestiges d'yeux minuscules, aussi inutiles que ceux de la plus myope des taupes.

Heureusement que, depuis des millions d'années, d'autres sens très perfectionnés lui avaient permis de survivre parfaitement et d'arriver jusqu'à nous.

Et, c'est comme cela que dans le nord de l'Inde, deux naturalistes passionnés venaient de découvrir le rarissime et précieux dauphin du Gange, qu'ils avaient failli prendre pour une drôle de loutre déguisée en poisson.

Gilbert et le « pè'Noël »
Aldabra

Alors que j'envisageais d'aller découvrir Madagascar, les désordres politiques qui étaient d'actualité dans cette région lointaine me faisaient hésiter.

Ce n'était peut-être pas le moment et il me semblait plus raisonnable d'attendre que le calme y soit revenu.

Par contre, et cela tombait bien, deux camarades m'invitaient à participer à une expédition aux Seychelles, autres îles de l'Océan Indien.

L'objectif étant Aldabra, l'île des tortues géantes, à cinq à six jours de voile de Mahé et Victoria la capitale.

J'imaginais déjà six jours de repos complet, la mer, le soleil, les dauphins…

Mais il faut savoir que je n'avais jamais navigué sur un voilier et que je n'étais pas très sûr d'avoir le pied et le cœur marins !

J'allais embarquer avec le très mauvais souvenir d'une traversée mouvementée à bord d'un thonier aux Galápagos où ce jour-là la mer était particulièrement mauvaise.

Sur le pont, les rudes pêcheurs luttaient, moi je verdissais. Compatissant, l'un d'eux m'avait proposé un « remède miracle » en me faisant mordre à pleines dents un demi citron frotté avec du gros sel… ce qui ne m'avait pas du tout réussi !

Cette fois, les conditions étaient idéales, il ne restait qu'à souhaiter bon vent aux aventuriers.

Notre capitaine français était secondé par un marin seychellois et Gilbert, couleur de l'Afrique qui savait tout faire. Athlétique et jovial, il devait être tout au long du voyage un excellent compagnon.

Nous quittons le port, j'observe la manœuvre avec intérêt, la vie à bord s'organise.

Même plus besoin de chaussures, je me sens en pleine forme.

Gilbert prépare une ligne pour pêcher à la traîne.

Au menu de notre premier déjeuner, il y aura du poisson au four, ça promet.

Mais à table ou dans les cabines, l'air du large me manque et je commence à me demander si je vais m'acclimater ? Finalement je préfère griller sur le pont et dormir à la belle étoile.

Je n'arrive même plus à apprécier l'excellente cuisine de Gilbert qui s'inquiète.

A cause de ma barbe blanche, il m'appelait « pè'Noël », alors il m'a fait la remarque très judicieuse que voici : « pè'Noël, si ti bouffes pas ti va créver ! »

T'en fais pas pour moi Gilbert, ça va s'arranger, as-tu du riz, du lait et du sucre ? Oui, alors fais-moi du riz au lait.

Et la pêche continue, cette fois c'est un gros barracuda qui se débat sur le pont, heureusement vite assommé par notre cuistot marin pêcheur.

Si je n'ai qu'à demi participé au repas du soir, par contre, j'ai ajouté à mon bol de riz du délicieux caviar de barracuda…

Un soir, où sur le pont je ne dormais que d'un œil, je trouvais que les étoiles se balançaient un peu trop, j'entendais les cris de quelques oiseaux de mer, nous ne devions pas être loin d'une île.

Deux fous qui nous accompagnaient se perchent sur le bastingage.

Aussitôt, une ombre silencieuse passe près de moi, Gilbert serait-il aussi chasseur ?

Couac et toc ! Couac et toc ! Et voilà deux oiseaux imprudents qui vont certainement améliorer l'ordinaire, cela s'appelle, il me semble, se débrouiller avec les moyens du bord…

Et sans perdre un instant, c'est au clair de lune que Gilbert plume ses « canards ».

La pêche au gros continuait avec deux espadons, ces grands prédateurs dont la mâchoire supérieure se prolonge par un rostre semblable à une épée.

Une autre fois, c'est nous qui avons été chahutés, avec au bout de la ligne un thon de plusieurs centaines de kilos… Le duel a duré longtemps, la victoire était incertaine. Le fil était solide, l'adversaire aussi.

Nous avons vu plusieurs fois l'énorme thon en surface même tout près du bateau.

On aurait presque pu le toucher mais d'un puissant coup de queue il reprenait du fil. Plusieurs fois nous l'avons cru fatigué, mais il repartait de plus belle.

Il est passé sous la coque, il nous a bousculés et… la ligne a cassé !

C'était une belle bagarre, j'en avais oublié le tangage, je commençais peut-être à devenir un presque marin… au riz au lait !

Dans une île isolée, seulement habitée par quelques familles de pêcheurs, nous avons fait escale.

De Mahé, nous leur apportions un peu de ravitaillement, des médicaments et quelques nouvelles.

Une fois par mois, un bateau venait chercher le poisson séché.

Quand nous avons débarqué dans la crique, tout le monde, hommes, femmes et enfants étaient au travail, les pieds dans l'eau.

Les poissons nettoyés, ouverts en deux comme un livre et salés, séchaient au soleil sur des claies.

Un pêcheur, qui rentrait seul, avait dû couper en trois un requin trop lourd pour être hissé dans sa pirogue.

Non loin des enfants, qui jouaient au milieu des requins morts, il y avait un cimetière…

Perturbé par seulement quelques jours de navigation, j'avais en retrouvant la terre ferme, la désagréable impression d'avoir trop bu et de marcher de travers…

Nous avons déjeuné avec les pêcheurs, la consigne étant d'économiser l'eau douce.

Au menu, de la viande séchée et très salée de tortue de mer et de chèvre, qui donnait terriblement soif !

A l'heure du repas et une seule fois par jour, le petit groupe électrogène toussait et fumait et la radio nasillarde était le seul contact avec la civilisation pour ces courageux et accueillants pêcheurs. Pour eux, notre visite avait certainement été un événement, et pour nous un émouvant souvenir.

Aldabra est encore loin. Les dauphins sont au rendez-vous, au ras des vagues, les petits poissons volants scintillent au soleil. Je les appelle des maquereaux libellules.

Quand ils s'échouent sur le pont, mais c'est surtout la nuit, je les repasse par-dessus bord.

L'autre matin, un petit maquereau libellule était attaché par la queue à un cordage, Gilbert m'a expliqué que cela portait bonheur et protégeait les marins.

L'un de mes compagnons en a même trouvé un sur sa couchette, je me demande bien qui a pu faire ça ?

On apercevait enfin les cocotiers d'Aldabra.

Seychelles

Aldabra et les tortues géantes

Les cèdres filaos et les cocotiers ombrageaient le chalet d'accueil seulement occupé par deux scientifiques qui nous attendaient.

L'un des biologistes était d'origine allemande, l'autre était écossais.

Avec quelques Seychellois, Aldabra ne semblait guère compter plus d'une quinzaine de Robinsons.

Le voilier avait mouillé l'ancre à quelques encablures de notre plage de rêve et le canot avait dû faire plusieurs voyages pour transporter notre matériel.

Chargé comme un bernard-l'ermite, j'avais toujours l'impression de marcher de travers et c'est de justesse que j'avais évité de mettre le pied dans un trou dont je ne connaissais pas le propriétaire.

Sous l'auvent du bungalow, un couple de faucons crécerelles des Seychelles avait construit son nid chez les hommes !

Le vent dans les palmes et le bruit des vagues étaient reposants. Je retrouvais même les corbeaux pies pour me rappeler que l'Afrique n'était pas loin. Je découvrais aussi quelques oiseaux endémiques comme ce couple de bulbuls, deux espèces de tourterelles et un minuscule soui-manga, aussi rutilant qu'un colibri.

Enfin, un lit qui ne tanguerait plus et, suprême cadeau des îles pour un naturaliste : le nid du soui-manga était sur mon balcon !

A peine installé et comme je ne tiens pas en place, j'envisage d'aller palmer dans l'eau tiède et cristalline avec masque et tuba.

Plus sages, mes collègues bavardent à l'ombre avec les chercheurs.

Aux Seychelles, il y a parmi les oiseaux de mer plusieurs espèces de fous, l'un d'entre eux est le fou masqué… alors un de plus ou un de moins !

Tant pis pour les bavards, mon baptême solitaire d'Aldabra sera une réussite avec mérous, tortues vertes et coups de soleil…

A travers le feuillage fin des filaos, le crépuscule était une féerie de couleurs changeantes.

Les corbeaux noirs et blancs se perchaient pour la nuit et madame soui-manga couvait… deux oisillons naissants, nus et roses.

J'avais remarqué que les poules étaient enfermées le soir dans le poulailler, y aurait-il des amateurs de poulets ? Il y en a des choses à découvrir sur les îles désertes.

Après un dîner passionnant entre hommes de sciences, d'un seul coup, je me suis senti cuit à point et impatient d'aller m'écrouler sur un vrai lit…

Mais avant de me glisser avec délice sous la moustiquaire, je repars sur le sentier des petites bestioles qui rampent la nuit, à la lueur de ma torche.

(Quand « est-ce qui » va enfin s'arrêter de gigoter celui-là ?)

Les poules sont réveillées, une araignée géante grimpe lentement sur le grillage, je viens de rencontrer mon premier crabe des cocotiers. C'est un beau, avec des pinces énormes, des ouvre-boîtes pour noix de coco.

Je décroche difficilement et prudemment l'étrange crustacé qui se cramponne.

En attendant d'être filmée le lendemain matin puis relâchée, ma précieuse capture devait passer une nuit agitée dans un solide tonneau.

Quand enfin j'ai réussi à m'endormir, j'ai rêvé de crabes géants avec des pinces « grosses comme ça » et qui grimpaient faire leur marché sur les cocotiers.

Pendant que nous avions prospecté, observé et filmé tout autour de notre camp de base, nos collègues nous avaient préparé une expédition au lagon d'Aldabra.

Il s'agit de l'un des plus longs lagons du monde et, c'est seulement à marée haute qu'un canot peut y accéder. Nous partions pour plusieurs jours et « la passe », véritable embouchure franchie, nous allions découvrir la mangrove et les palétuviers, ces arbres montés sur échasses.

Grâce au fertilisant guano des oiseaux de mer, plusieurs îles et îlots coralliens étaient recouverts d'une épaisse végétation.

Chaque saison, des milliers de frégates et de fous venaient y nicher.

Dans l'eau limpide du lagon, la diversité des poissons était prodigieuse et dans cette étrange rivière d'eau salée, les petits requins semblaient nombreux.

L'inextricable forêt de racines des mangliers abritait toute une faune et surtout de gros crabes.

Parfois, il nous fallait alléger la barque et la pousser dans les endroits peu profonds.

Ce long et passionnant trajet lacustre nous ayant rapprochés du territoire des tortues, le reste se fera à pied en terrain difficile, jusqu'à la cabane de notre prochain bivouac…

Depuis quelques millions d'années, les tortues géantes étaient au rendez-vous !

Nous étions à côté d'un étang d'eau douce ou légèrement saumâtre où pêchaient une aigrette et un héron cendré, mais aussi un couple d'ibis d'Aldabra ressemblant à un ibis sacré blanc et noir qui aurait eu les yeux bleu clair.

Quelques triques solides empêchaient les tortues d'aller faire le ménage dans le modeste abri.

Deux couchettes rustiques, quelques lits de camp pour dormir dehors et un coffre pour les couvertures, avec trois ou quatre sièges de safaris nous étions les plus heureux des explorateurs !

Sous les larges feuilles d'un arbuste, quelques grosses tortues étaient à l'ombre.

Dans leur litière « digestive » grouillaient des petits bernard-l'ermite. Au milieu des carapaces blanches des tortues mortes, d'autres tortues pâturaient un bien maigre fourrage…

Sur un vieil arbre sec, deux pigeons bleus des Comores lissaient leurs plumes.

Nous avons mis la table et cueilli quelques feuilles pour améliorer l'ordinaire de nos énormes voisines.

Une frégate est venue gober quelques becquées en rasant la surface.

Dans l'eau quelques carapaces disloquées étaient celles de tortues peut-être centenaires qui étaient arrivées là, au bout de leur longue vie.

Un rarissime et endémique râle d'Aldabra est venu, sans aucune crainte et avec beaucoup de curiosité nous rendre une petite visite.

C'est le lagon qui nous avait permis d'accéder à la plus formidable concentration de tortues géantes.

Ces tortues terrestres d'Aldabra, véritables fossiles vivants nous avaient fait venir de bien loin, nous étions conscients de la chance que nous avions d'être là.

Maintenant, au travail !

Nuit romantique, étoiles, rats, moustiques et crabes des cocotiers.

Le tout commence par un lit de camp trop près du sol, de couvertures à trous, percées par les rats et les moustiques alertés pour un banquet nocturne.

Les insectes affamés commencent à nous chantonner aux oreilles avant de se promener sur les mains que l'on cache vite sous la couverture.

Peine perdue, la couverture passoire va leur ouvrir l'appétit, vive les rats !

A propos de nos charmants et astucieux rongeurs, ils nous ont obligés à tout suspendre sous la charpente de la chambre d'hôtes pour rats bricoleurs moins bêtes que nous.

Avec la sarabande des rats qui font la vaisselle et le dîner des moustiques, c'est assez compliqué pour s'abandonner dans les bras de Morphée !

J'envie mon voisin de gauche qui ronfle, en se donnant des « claque-moustiques » sans pour autant se réveiller…

Pas moyen de dormir, et la nuit étoilée n'arrange rien…

Résigné, je commence à m'imaginer demain, boursouflé comme un beignet, zut ! Voilà le voisin de droite qui se met à ronfler !

Ça continue, une bestiole plus grosse qu'un rat se rapproche, j'ai le « mauvais œil »… C'est pour moi !

La bébête m'escalade et me palpe de ses longues antennes qui me chatouillent…

C'est un énorme crabe des cocotiers qui vérifie si « ça se mange ».

La lumière de ma torche le surprend, il se tourne, je préfère le côté opposé aux pincettes et j'empoigne vigoureusement mon visiteur qui fait un vol plané et atterrit sur le ronfleur d'à côté.

Le promeneur noctambule n'insiste pas, mon voisin grogne.

Il paraît que sur le matin je ronflais.

Dans le chaos hostile des coraux fossiles, des arbres morts et des squelettes de tortues, une vie difficile s'accroche.

Les herbes et autres plantes dont se nourrissent les tortues résistent aux chèvres, désastreusement introduites par l'homme, en même temps que les rats.

Les rats qui, comme aux Galápagos, détruisent les œufs et les jeunes tortues.

Quant à nous, il nous fallait sans tarder, retrouver le lagon, la mangrove et la mer.

Nous rapporterons quelques tortues de taille moyenne, qui seront relâchées à côté du centre de recherches.

En retrouvant la plage, les cocotiers, l'équipage de notre bateau et Gilbert, qui prenait des nouvelles de son protégé le « pè'Noël », nous avions l'impression de rentrer chez nous, après une inoubliable aventure.

Le débarquement de nos tortues terrestres, transformées en tortues marines devait être une expérience très intéressante.

Mises à l'eau (de mer) certainement pour la première fois et sans hésiter sur la direction, nous avons vu une demi-douzaine de tortues de vingt à trente kilos flotter et pagayer vigoureusement vers la plage, sans boire la tasse et sans aucune difficulté.

Comme à une époque très ancienne pour leurs cousines des Galápagos, des tortues terrestres, certainement plus petites étaient arrivées d'un continent, entraînées par les courants marins.

Ces reptiles incroyablement résistants devaient être les rescapés de cataclysmes naturels.

Sur les îles désertes, l'absence de prédateurs avait pu favoriser le gigantisme, résultat de l'évolution.

A Aldabra, loin du monde, la vie était calme et saine.

Les scientifiques continueront leurs recherches et le vieux pêcheur réparera sa barque sur le sable blanc, à l'ombre des filaos.

Aux dernières nouvelles, les bébés soui-mangas s'emplumaient et les trois petits faucons piaillaient sous le toit…

A ce propos, le père de la bruyante nichée me reprochait d'avoir regardé de trop près dans le nid…

Dès qu'il m'apercevait, il m'attaquait furieusement comme il le faisait avec les corbeaux.

Il détestait franchement ma casquette, que prudemment j'avais rembourrée avec une chaussette.

Une solide « mamma » retournait vers sa case avec un beau poisson en équilibre sur la tête.

L'adorable fillette qui trottinait derrière sa mère s'étonnait de rencontrer un « pè'Noël »... dans les cocotiers !

Haute voltige

A la belle époque malgré tant de travail et de responsabilités dans le parc, j'avais l'habitude de commencer la journée par une sortie à cheval en forêt, avec mon pur sang « Romancier », pendant une bonne heure souvent sans rencontrer personne, à part un chevreuil ou un envol de canards.

Sans doute que ce matin-là, cela ne devait pas me suffire, car en regardant les girafes qui venaient de sortir dans leurs enclos, il m'est venu une drôle d'idée…

Il faisait beau mais assez frais et Kouky, la grande femelle ruminait tout près de la clôture.

Allons donc dire bonjour à Kouky…

Le contact commence par quelques caresses très appréciés et, pour être à la hauteur, ne vaut-il pas mieux monter sur la barrière en bois…

Tous les soigneurs étaient dans les différents services, donc, pas de témoins !

Encore un peu plus haut et ce sera juste à la hauteur de la grande, la très grande Kouky…qui continue à ruminer…

Toujours personne à l'horizon, Kouky n'est-elle pas la plus belle et la plus sage des girafes, alors pourquoi pas ?

Il suffit de flatter le dos de Kouky d'une main experte qui caresse tant de lions, de tigres, de panthères et bien d'autres bêtes chaque jour.

Il suffit de parler doucement, d'enjamber doucement, doucement le large dos et de s'installer « à girafe » en tenant quand même fermement la courte crinière droite qui descend jusqu'au garrot…

Je sens même la chaleur du grand corps entre mes jambes, Kouky rumine.

J'ai l'impression d'être à la hauteur d'une situation exceptionnellement élevée.

C'était trop beau pour que cela dure, un ancien de la maison traverse la cour, il portait le petit déjeuner aux chimpanzés.

Stupéfait, il découvre le « patron » qui aurait souhaité plus de discrétion et alerte ses collègues pour participer au spectacle.

Kouky cesse de ruminer…C'est en effet la plus bruyante des rigolades, le cavalier se cramponne.

Le dos de ma monture me semble d'un seul coup très en pente…

Avec tout ce remue-ménage, la girafe se tourne et c'est le toboggan puis la chute libre…

L'atterrissage est un peu rude, mais rien de cassé, le spécialiste de la haute voltige sur girafe est seulement un peu cabossé.

Kouky se penche pour me flairer, elle n'en revient pas ! A peine perturbée, elle se remet à ruminer.

Et, demain matin, le cavalier cascadeur un peu endolori, repartira au lever du jour en forêt avec son fidèle « Romancier ».

Au zoo de La Flèche

— NANDOUtons-pas, nous allons bientôt avoir l'heure !

Un estomac d'autruche

De retour en fin de journée d'une conférence au Muséum, je retrouve le parc en grande effervescence.

Quelle est la cause de tant d'agitation ?

Que se passe t-il ? Qu'est-il arrivé ?

Il s'agit d'un problème entre un nandou et une visiteuse. Mais encore ?

Dans l'après-midi, de bien tranquilles promeneurs profitaient du beau temps, les animaux aussi.

En somme tout allait bien, c'était une agréable journée de printemps.

Il paraît qu'une dame semblait intéresser l'autruche, en réalité un nandou avec lequel elle faisait la causette par-dessus la barrière.

Le courant passait, la sympathie était réciproque, un vrai flirt !

Il y a des gens comme cela qui ont un don pour communiquer avec les bêtes.

J'imagine les mimiques et la voix charmeuse de la visiteuse, légèrement penchée, au cou de laquelle se balance au bout d'une chaînette une montre…

Que cette dame ne soit pas déçue mais, ce n'était que le bijou qui fascinait l'oiseau pickpocket !

Ça brille, ça bouge et clac, un vigoureux et précis coup de pincettes et le grand oiseau coureur se sauve avec l'heure au bout du bec.

Les cris et les lamentations n'y feront rien.

Les soigneurs alertés arrivent en force et déclenchent un rodéo, qui fait le bonheur des témoins ravis de s'être trouvés là.

Parties de cache-cache et sauts d'obstacles, tout y est, plus quelques glissades et « gamelles », une vraie rigolade qui n'amuse pas tout le monde !

Dans un virage, glop glop, la montre descend le long du cou, trop tard !

Vite, il faut l'attraper ! … C'est facile à dire, ils n'ont qu'à y venir.

Le champion de course à pattes est cerné, plaqué, terrassé et rudement secoué par les catcheurs essoufflés…

Peine perdue, il ne restituera rien, plus de montre !…

« Y'en a » qui rigolent jaune…

A l'entrée, le personnel a bien profité du spectacle.

A la sortie, les victimes de l'autruche se plaignent.

Que voulez-vous qu'on y fasse ?

C'était de trop !

Effectivement, nos incompris furieux ne devaient pas s'en tenir là, à commencer par une visite au commissariat où pour la première fois, sans rire, devait être enregistrée une plainte contre autruche.

Une « sale bête » qui venait de voler la montre d'une valeur inestimable qui avait appartenu il y a longtemps à…

C'est noté, ne vous énervez pas, rentrez chez vous, on s'en occupe !

On va immédiatement au zoo, on vous tiendra au courant.

Enquête au zoo, l'autruche en garde à vue.

Je retrouve l'affreux voleur enfermé dans son chalet de nuit, sa confortable litière de paille supprimée, le sable ratissé, ni à boire ni à manger, le moral à zéro !

L'isolement, la diète et le cachot : ordre de la police…

En attendant le résultat d'une nuit de digestion et en principe la montre à l'heure au rendez-vous matinal.

Une purge avait été conseillée, mais heureusement l'amateur d'horlogerie n'avait pas été d'accord…

Le lendemain matin, les représentants de la loi étaient en avance.

La montre se faisait attendre, l'autruche remise de ses émotions réclamait son petit déjeuner.

C'était peut-être le moment de faire une petite leçon matinale d'anatomie digestive.

A commencer par un muscle particulièrement puissant, le gésier et c'est autre chose que celui d'un poulet…

Il s'agit d'un efficace broyeur, qui avec l'aide de cailloux et d'autres trouvailles, vient à bout des friandises les plus coriaces.

Aussi, n'est-il pas surprenant qu'après un tel traitement et alors qu'on est encore loin de la sortie, que la montre la plus solide soit déjà à la casse !

Les nouvelles vont vite, les journalistes étaient au courant, le téléphone sonnait, la vedette était une autruche que je n'avais pas accepté de sacrifier pour lui ouvrir le ventre.

Ce qui m'avait valu les félicitations de la BBC.

Une radiographie, exigée par les assurances, ne montrait qu'un bric-à-brac flou, tout à fait impossible à identifier.

D'autre part, après estimation, la montre n'avait qu'une valeur sentimentale, il ne nous restait qu'à nous excuser d'un regrettable incident.

Mais l'affaire était loin d'être terminée !

Certains lecteurs, auditeurs et téléspectateurs, qui avaient suivi le feuilleton, venaient découvrir l'increvable héroïne, avec quelquefois dans les poches une vieille montre ou autres douceurs, rien que pour voir, sans aucune malice…

Mais avant qu'il ne soit trop tard, l'exotique vedette avait été reconduite dans ses appartements et pour quelques semaines éloignée de ses généreux admirateurs, juste le temps de passer à autre chose.

Par exemple, une tempête dont la seule victime d'une lourde branche serait une certaine autruche, redevenue un nandou parfaitement oublié.

Belle aubaine pour notre persévérant reporter qui rapplique sans tarder, le crayon, le calepin et l'appareil photo prêts pour les dernières nouvelles.

Car c'est fou comme les nouvelles vont vite et ça cancane et ça papote !

Notre ami, que je croyais à la retraite reprendrait-il du service ?

Et il tombe bien, je suis en pleine autopsie, le gésier fendu va enfin dévoiler ses secrets : des graviers, quelques clous, le souvenir d'au moins trois montres, des bagues de pacotille et des pièces de monnaie très usées, c'est tout !

Le lendemain, à la première heure, en bonne place dans la presse locale, on pouvait lire : l'autruche du zoo victime de sa gloutonnerie et la liste fantaisiste des objets découverts dans « son estomac ».

D'autant plus qu'au cours de la nuit, le trésor s'était considérablement enrichi.

Et c'est ainsi qu'avec la complicité d'un mauvais coup de vent et d'une branche assassine, notre sympathique « grand reporter » avait eu le dernier mot.

Un courrier spécial…

Un camarade, artiste de talent et professeur de dessin, était avec sa petite famille en vacances à la Ciotat.

De mon côté, comme toujours, j'étais fort occupé dans mon domaine, celui des sciences naturelles.

Je reçois une lettre dans laquelle mon correspondant me décrivait des petits lézards familiers qui se promenaient le soir dans les maisons.

J'identifiais sans peine des geckos ou tarentes et si je souhaitais en observer dans mes terrariums, mon ami peintre se ferait un plaisir de m'en envoyer quelques spécimens par la poste…

Pourquoi pas ? J'étais ravi et impatient d'accueillir et d'étudier une nouvelle espèce.

En attendant, je bouquinais « reptiles » et improvisait un vivarium.

Après une course poursuite aux lézards qui courent sur les murs avec des « papattes » à ventouses, les tarentes capturées ne devaient jamais me parvenir…

Je n'ai reçu qu'une boîte en carton en piteux état, ouverte et donc vide !

A mi-chemin du trajet, un responsable de la poste, certainement fort embarrassé, avait consciencieusement étiqueté sur ce qui restait de l'emballage, le message très clair dont voici le texte :

« Ce colis contenait un lézard en fuite »…

Bangui

Le voyage de M'Boulou

Avant de partir en congé en métropole, mon correspondant et ami Georges, naturaliste à Bangui tenait à assurer l'avenir de quelques-uns de ses animaux favoris.

Plusieurs en effet risquaient leur peau, d'autres la casserole.

Parmi eux, Georges m'annonçait M'Boulou un chacal particulièrement apprivoisé.

Heureusement que nous étions à l'arrivée de l'avion au Bourget où M'Boulou posait un problème.

Si, un peu au frais dans la soute quelques reptiles s'étaient sagement engourdis dans des emballages sommaires, le chacal qui devait trouver le temps long avait grignoté son panier…

Un beau travail de vannerie qui aurait suffit pour un matou mais pas pour un chacal bricoleur.

Parmi quelques voyageurs exotiques, il y avait un cagot vide et une sorte de chien-renard qui gambadait au milieu des valises.

Appelé d'urgence, j'ai été invité à récupérer rapidement « l'animal sauvage » perturbateur.

Un safari cache-cache nous a permis de faire connaissance, après quoi M'Boulou a accepté sans manière de descendre de l'avion…

Jeune et sociable M'Boulou devait connaître une longue carrière avec quelques autres rescapés qui, de justesse, avaient sauvé leur fourrure ou évité la marmite.

PRIÉ

Un cadeau empoisonné

Il y a fort longtemps, alors que j'étais occupé à soigner les animaux de mon domaine zoologique, j'ai vu arriver un pittoresque personnage.

Arrivait-il tout droit d'un pays lointain ou d'un film d'aventure ?

Grand, sec, tanné par le soleil, les cheveux courts, des sandales à lanières et le sarouel, pantalon ample des hommes du désert.

Il avait, me disait-il, apprécié les reportages récents sur mon travail et m'apportait un cadeau du sud tunisien.

Dans un panier d'osier que d'autres auraient utilisé pour transporter un chat ou le pique-nique, il voyageait le plus simplement du monde avec quelques redoutables serpents venimeux…

Trois cérastes, des vipères très claires couleur sable du Sahara et deux najas de belle taille.

Chaque reptile était dans un solide sac en toile, il n'y avait plus qu'à improviser.

Avec d'infinies précautions, j'ai trouvé une place pour les vipères dans le vivarium.

Mais avant de transférer dans un terrarium de quarantaine les vigoureux najas, j'avais à résoudre un petit problème !

En effet, les chasseurs de serpents tunisiens les avaient provisoirement rendus inoffensifs, en leur cousant la gueule, d'une commissure à l'autre avec un solide fil noir qui ressemblait à un crin de cheval.

Il ne restait donc qu'à les démuseler…

De la main gauche, je prends un des najas derrière la tête, mon nouveau collègue herpétologiste s'occupe du long corps qui se débat.

Avec des ciseaux de précision, je coupe les fils et les retire délicatement… Ce n'était pas si compliqué !

Après, les najas dressés, capuchons étalés, superbes et menaçants ne demandaient qu'à mordre.

Il me restait à remercier le naturaliste Domergue de cet original « cadeau empoisonné », souhaitant un jour, que nos pistes d'aventuriers se croisent à travers le monde.

Et, si l'on parlait de « Zézette » ?

Avec la diversité de mes fréquentations zoologiques et les nombreux reportages qui intriguaient les lecteurs et les téléspectateurs, je recevais un abondant courrier.

Cela me donnait parfois l'occasion d'enrichir ma grande famille animale.

Je vais en profiter pour vous raconter l'histoire d'une panthère qui s'appelait « Zézette ».

Mais avant, il me faut vous parler d'une autre panthère « Princesse ».

Recueillie en brousse, elle avait été élevée au biberon. Le temps avait passé vite, trop vite, l'adorable mais turbulente panthère commençait à poser de sérieux problèmes à ses parents adoptifs.

Bref, comme il y avait quelque part un original qui consacrait sa vie aux « bêtes sauvages », Princesse ne pourrait-elle pas, le moment venu, être accueillie chez Simba ?

On allait lui écrire…

Quelques mois plus tard, « Princesse » prenait l'avion.

La décision avait été difficile à prendre. D'un seul coup la case était devenue trop grande et trop calme, le joyeux feu follet s'était envolé !

En Centrafrique, voisins et amis, les parents de « Princesse » et de « Zézette » s'étaient retrouvés dans la même situation.

Du biberon à l'âge adulte, l'histoire des deux panthères était presque la même.

Du zoo, les nouvelles de « Princesse » étaient excellentes, alors pourquoi ne pas envisager la même solution pour « Zézette » ?

Et peut-être que « Zézette » et « Princesse » pourraient sympathiser ?

Simba était d'accord, mais ce n'était pas à lui de décider.

Et, c'est seulement quelques semaines plus tard, dans l'assourdissante bousculade de l'aéroport de Bangui, qu'à son tour, « Zézette » s'apprêtait à prendre l'avion pour la France.

C'était aussi l'heure des adieux, d'un côté le fauve stressé, pour la première fois enfermé dans une cage étroite, d'autre part, des gens tout à coup anonymes qui se culpabilisaient peut-être dans leur silence.

Le lendemain, comme il l'avait promis, Simba était au rendez-vous.

Sur la terrasse de l'aéroport du Bourget, il guettait le gros « coucou » à hélices.

Le vol avait du retard, ça commençait bien !

Enfin le voilà, dans son ventre il y a une panthère.

Le monstre s'arrête, les hélices s'immobilisent.

Les portes s'ouvrent, les passagers commencent à descendre et les bagages s'entassent sur les chariots, toujours pas de panthère !

Simba, t'énerve pas, voilà c'est le dernier colis et ce n'est pas le moins lourd, il fallait du renfort.

Avec plus de précautions que pour les valises, la cage est descendue.

Quel succès ! Notre vedette a déjà des admirateurs, ils sont devant, je n'arrive pas à voir…

Ca y est, elle est debout, nerveuse, elle tourne comme un fauve en cage.

Elle a l'air grande pour une femelle, belle bête !

Pendant que commence à rouler le convoi, j'ai même le temps d'admirer ses longues moustaches blanches.

Côté queue, pendant une seconde, j'ai cru voir…

Non, j'ai dû me tromper, elle bouge trop ou alors c'est l'émotion !

Le conducteur ralentit, j'en profite, le fauve est de dos, c'est pas vrai, c'est pas possible !

Mais si, il faut se rendre à l'évidence, « Zézette » est un mâle et même un très beau mâle !

Je retrouve mes esprits, tant pis, ou plutôt tant mieux, il pourra faire un beau couple avec ma « Princesse » favorite.

Alors à la douane, quand on m'a demandé comment s'appelle t-il ?

J'ai un tout petit peu menti et, comment pouvait-il en être autrement, quand j'ai répondu :

Il s'appelle Prince et il a rendez-vous avec la plus belle des Princesses.

Le nid du troglodyte

Sans les plumes, le petit corps du troglodyte n'est certainement pas plus gros qu'une noisette.

On l'appelle souvent, mais à tort « roitelet » ou « troglodyte mignon » et localement « berrichon ».

Dans le monde des oiseaux minuscules, il est certainement un « petit roi » débordant d'énergie et quel chant ! Surprenant de puissance pour une telle boule de plumes.

Mignon ? Ce n'est pas certain, tant il est peu sociable à l'époque des nids et chasse les rivaux de son petit territoire.

C'est justement de son nid de mousse, chaudement capitonné dont je vais décrire quelques exemples d'emplacements exceptionnels.

Le nid est toujours dans un trou ou parfaitement dissimulé dans le lierre d'un vieux mur.

Au cours d'un été très chaud, effroyablement sec, sans une goutte d'eau pendant des mois, une veste dont personne n'avait eu besoin, oubliée à un clou sous un hangar, avait eu le temps de prendre la poussière…

Au bout de ces longues semaines, la nature et la campagne commençaient à souffrir.

Enfin il a plu, surpris, l'un de nous s'est souvenu de la veste. Elle était, ou plus exactement elle avait été occupée.

Dans la poche droite entr'ouverte, un troglodyte avait fait son nid.

Un nid de « berrichon » dans les haricots

Dans le grenier de la ferme, des pieds de haricots séchaient la tête en bas, accrochés sur un fil.

Un troglodyte avait construit son nid au milieu des gousses jaunes.

Madame troglodyte couvait, je ne l'ai pas dérangée.

Un autre exemple, certainement unique :

Quand le musée du Duc d'Orléans et ses inestimables collections d'histoire naturelle existaient encore rue de Buffon, près du Muséum, je me souviens d'y avoir découvert un autre nid de troglodyte, parfaitement conservé et tel qu'il avait été trouvé.

Il est facile d'imaginer, au milieu d'un champ ensemencé, un épouvantail à oiseaux assez classique, c'est-à-dire la dépouille d'un corbeau attachée par une patte, au bout d'une trique plantée obliquement dans le sol…

Et qu'après le festin des larves de mouches, il ne soit pratiquement resté de l'oiseau, que la peau, les os et les plumes intactes, momifiés de l'épouvantail balancé par le vent…

Et à l'intérieur de la carcasse desséchée, il restait juste l'emplacement pour le nid d'un astucieux troglodyte.

Simba et le troglodyte

Ce matin là, jumelles à portée de la main, j'étais assis devant la porte-fenêtre ouverte près de la cheminée de mon chalet.

Je regardais l'étang, le héron, les canards et la flamme bleue au ras de l'eau, du martin-pêcheur.

Dans ce bel endroit, calme et protégé, j'appréciais intensément le moment présent.

Une feuille morte s'est posée sur mon genou…

Non, ce n'était pas une feuille, mais un oiseau, un vrai, un minuscule troglodyte que l'on appelle familièrement « berrichon ».

Le temps de se trémousser, sa petite queue toute droite et il s'est envolé… en laissant sur mon genou une toute petite tâche blanche…

Ce n'était pas un rêve mais un merveilleux cadeau de la nature !

En décrivant la visite du « troglodyte mignon » sur mon carnet d'observations, j ai ajouté ces quelques mots pleins d'émotion :

Merci les oiseaux d'être votre invité !

« Soussouffle »

Soussouffle est une boule de laine avec des yeux noirs en amande et le bec ivoire, elle porte sur les jambes de drôles de chaussettes de duvet soyeux.

Elle a dû tomber du clocher de l'église sur la place du village, il est vrai que ce vigoureux poussin de chouette effraie encore au nid avait sans doute le goût de l'aventure.

Le parachute ne s'étant pas ouvert, l'atterrissage avait été un peu rude pour l'oisillon laineux.

Recueillie de justesse, presque sous la dent d'un molosse, soufflant et grinçant de peur et d'indignation, Soussouffle est arrivée à la case de Simba.

Notre effrayant petit monstre, tête comprise, était gros comme un œuf et loin d'avoir des plumes, avec en plus, un creux à l'estomac.

Une pantoufle capitonnée devait être son premier berceau.

Soussoufle accepta sans manière quelques becquées de viande roulée dans du poil de lapin.

Et avec un gros soupir, bébé chouette moulu et repu s'est endormi avant de repartir dans l'étrange aventure d'une boule de laine au pays des hommes.

Pendant le gros dodo de Soussouffle, il me faut vous dire qui est Simba : Simba est un aventurier de la nature, amoureux des oiseaux comme son grand-père le lui avait appris.

Petit bonhomme aux cheveux rares et à la barbe blanche, l'œil souvent plein de malice, moitié Père Noël moitié Père Noé.

Aujourd'hui de passage à la case, demain peut-être à l'autre bout du monde, ce qui est inquiétant pour l'avenir d'une petite chose qui ronfle dans une pantoufle.

Mais rassurez-vous, le curieux personnage en a vu d'autres, puisqu'il a consacré sa vie à la nature et aux animaux, Soussouffle peut avoir confiance.

Le jabot bien garni, la respiration un peu comprimée, quelques tressaillements et sursauts indiquent un sommeil agité, la petite chouette digère.

Soussouffle se réveille, déposée par prudence sur un journal, la petite chouette, encore somnolente, balançait sa tête trop lourde en piquant du bec, puis elle a levé son petit croupion et s'est libérée d'un long jet blanc qui ne devait pas être le dernier…

Soussouffle n'avait donc rien de cassé, elle avait mangé, elle avait dormi, elle avait une chance.

Très vite, Soussouffle a apprécié la chaleur et le confort de la main de son vieil ami, cessant même de souffler sauf dans les grandes occasions.

Et, le drôle de poussin affamé piaulait pour réclamer sa pitance à son père nourricier.

Surtout à l'aise dans la pénombre, bien solide sur ses petites « papattes » griffues, la petite chouette était sauvée.

Soussouffle découvrait le monde, en attendant de retrouver plus tard, le monde mystérieux de la nuit, le monde secret de la chouette effraie.

Ragotte

Après le passage de la meute, il ne restait d'une famille nombreuse qu'une « marcassine » orpheline et tremblante adoptée par les hommes.

Pas plus gros qu'un lapin de garenne, le petit sanglier rescapé poussait comme un champignon, quelle vitalité !

Ragotte ne s'écroulait enfin qu'après avoir d'un seul trait vidé son dernier biberon, ouf !

Ragotte n'avait pas que des admirateurs… Il devenait urgent de la contenir dans un espace boisé, à côté de sa piscine privée, la mare à grenouilles, avec promenade en forêt, festin de vers de terre et chasse aux escargots.

Voici les dernières nouvelles de Ragotte :

A l'ombre du taillis, Ragotte dort dans sa niche, elle aime sa niche, les poules aussi (mais pour y pondre).

Ragotte attend dehors et surveille du coin de l'œil la pondeuse installée…

Quand la poule a pondu, elle chante et s'en va…

Ragotte n'a plus qu'à gober l'œuf !

Ragotte qui ne manque pas d'imagination, vient d'inventer « le piège à poules ».

Elle n'attend plus l'œuf, elle commence par la poule en se prenant pour le renard et couac ! Elle ne laissera que les pattes ! Les plumes s'ajouteront à son lit…

Et si, à l'heure de la sieste, vous réveillez Ragotte de sa niche, elle pourrait bien sortir avec des plumes sur le nez !

Les aventures de Ragotte (suite)
L'escapade

Hirsute, boueux et ronchonnant, le lourd et noir ragot de la forêt rôdait souvent le soir autour du bosquet de la séduisante Ragotte.

Une nuit de clair de lune, aux coups de boutoir de l'impatient solitaire, la clôture n'avait pas résisté.

Ragotte était libre, plus aucune trace de Ragotte…

Au bout de quelques jours, Ragotte est rentrée seule, décoiffée et boiteuse.

La lune de miel en forêt ne semblait pas avoir été de tout repos !

Ragotte avait été vigoureusement sommée de réintégrer son taillis et sa niche.

Le temps a passé…

Aux toutes dernières nouvelles, dans le giron d'une Ragotte comblée, de rondelets marcassins couinaient en jouant des coudes au moment de la tétée.

Table des matières

Imprimé en France, 2008.

www.ingramcontent.com/pod-product-compliance
Lightning Source LLC
Chambersburg PA
CBHW030520041126
54315CB00040B/455